Rossby孤立波理论模型及演化机制分析

陈利国　刘全生　张瑞岗◎著

THEORETICAL MODEL AND EVOLUTION MECHANISM ANALYSIS OF ROSSBY SOLITARY WAVES

内蒙古自治区高等学校创新团队发展计划支持（NMGIRT2208）项目资助
内蒙古财经大学人才开发项目（RZ2100000102）资助

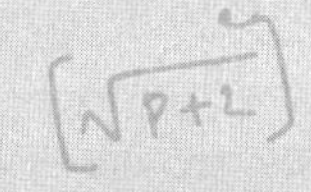

经济管理出版社
ECONOMY & MANAGEMENT PUBLISHING HOUSE

图书在版编目（CIP）数据

Rossby 孤立波理论模型及演化机制分析/陈利国，刘全生，张瑞岗著．—北京：经济管理出版社，2022.7

ISBN 978-7-5096-8627-0

Ⅰ.①R… Ⅱ.①陈… ②刘… ③张… Ⅲ.①孤立波—研究 Ⅳ.①TV131.2

中国版本图书馆 CIP 数据核字(2022)第 126458 号

组稿编辑：王光艳
责任编辑：李红贤
责任印制：黄章平
责任校对：张晓燕

出版发行：经济管理出版社
（北京市海淀区北蜂窝 8 号中雅大厦 A 座 11 层 100038）
网　　址：www.E-mp.com.cn
电　　话：（010）51915602
印　　刷：北京晨旭印刷厂
经　　销：新华书店
开　　本：720mm×1000mm/16
印　　张：9.75
字　　数：152 千字
版　　次：2022 年 7 月第 1 版　　2022 年 7 月第 1 次印刷
书　　号：ISBN 978-7-5096-8627-0
定　　价：68.00 元

前　言

大中尺度大气和海洋波动现象都是连续介质流体运动，除了满足普通流体动力学规律外，还要满足重要的地转偏向力规律，在运动中还会受到地形起伏、海陆分布的动力作用以及太阳辐射带来的热力作用影响，这些作用与大气和海洋运动构成一个复杂的反馈系统。所以，理论上大气和海洋动力学问题是由运动方程、连续性方程、状态方程、热力学方程和水汽方程等构成的基本方程组。由于基本方程组的复杂性，为了研究大气和海洋运动中的波动现象和非线性动力学特征，学者们一方面对基本方程组采用了各种不同假设、近似方法，建立了各种简化动力学模式，用于模拟和观测波动现象，揭示波动本质，如 beta 平面近似、（非）静力近似、Boussinesq 近似、（准）地转近似、浅水模式、两层斜压模式、准地转位涡模式和大气（海洋）环流模式等；另一方面考虑波动形成过程中受到基本剪切流、耗散、地形和外源等外强迫因素作用。因此，大气和海洋波动现象是一个复杂的多物理因素作用下的动力学问题。

大气和海洋运动受到地球旋转、重力（层结）和热力等基本因素的作用，在大中尺度动力学基本特征方面具有许多相同之处，在本质上是地球物理流体动力学问题。由于受基本因素影响，大气和海洋运动中存在着各种非线性波动现象，如惯性波、重力孤立波、Rossby 孤立波、Kelvin 波、海洋内波、界面波、声波等。Rossby 孤立波是由地球自转而产生的一种行星波，它是一种生命周期很长且具有大振幅孤立波特征的大尺度波动，科学家们在大气和海洋中已经观测到这种自然的波动现象。Rossby 孤立波的大尺度特征在很大程度上决定了海洋和大气以及相应的气候变化状况。Rossby

孤立波理论在大气和海洋中扮演着重要的角色，它能够为气候现象、数值天气预报、海洋工程、海洋物理等研究提供理论基石和应用依据，如大气（海洋）环流、大气环流阻塞、厄尔尼诺现象、墨西哥湾流的涡动等。因此，Rossby 孤立波理论研究有着重要的研究价值和实际意义。Rossby 孤立波在大气和海洋中的生成和演化机制一直是研究者们关注的热点问题，通过建立各种非线性动力学模型来刻画 Rossby 孤立波的演化，同时考虑 beta 效应、基本剪切流、地形、层结、耗散和外源等多物理因素对 Rossby 孤立波的影响，特别是非线性作用的形成因素。

大气重力孤立波是中高层大气中普遍存在的重要波动之一，在大气层之间能够产生能量和动量输送，起到能量耦合作用。相关研究表明，重力孤立波的非线性演变过程与飑线、暴雨、台风等灾害性天气现象形成有关。但是对飑线、暴雨、台风等灾害天气的预报的准确性相对比较困难，研究者们建立符合大气实际状况的重力孤立波理论模型，通过模型和数值计算讨论重力孤立波的生成演化规律、分析孤立波裂变与非线性过程形成之间的联系，进而解释飑线、暴雨、台风等灾害性天气现象形成的机制，提高天气预报的及时性与准确性，具有重要的理论和现实意义。

近年来，我们对大气和海洋运动中 Rossby 孤立波和重力孤立波相关理论进行了深入研究，特别是在多物理因素作用下两类孤立波生成和演变的数学模型及物理机制分析，研究结果对非线性动力学孤立波理论研究起到了一定的推动作用，为研究大气和海洋非线性动力学问题提供理论依据。本书首先总结了 Rossby 孤立波理论相关研究的最新成果，其中包括作者及合作者的一些研究结果；其次介绍了多物理因素作用下的非线性 Rossby 孤立波理论模型；最后介绍了大气中非线性重力孤立波理论模型，通过模型和求解结果分析孤立波的演化机制，解释非线性波动现象和运动本质。全书共 5 章：第 1 章为正压流体中非线性 Rossby 孤立波（1+1）维理论模型及演化机制分析；第 2 章为正压流体中非线性 Rossby 孤立波（2+1）维理论模型及演化机制分析；第 3 章为层结流体中非线性 Rossby 孤立波理论模型及演化机制分析；第 4 章为两层流体中非线性 Rossby 孤立波耦合理论模型及演化机制分析；第 5 章为非线性重力孤立波理论模型及飑线天气现象形成机制分析。

在本书即将出版之际，我们衷心感谢“内蒙古自治区高等学校创新团队发展计划支持”（NMGIRT2208）和“内蒙古财经大学人才开发项目”（RZ2100000102）的大力资助。

由于作者水平有限，加之时间仓促，收集相关研究资料不充分，书中会有错误和不当之处，敬请读者批评指正。

陈利国　刘全生　张瑞岗

2022 年 5 月 30 日

目　录

第❶章 正压流体中非线性 Rossby 孤立波（1+1）维理论模型及演化机制分析

1.1 引言

在正压流体中，从准地转位涡方程出发，利用时空伸长变换和摄动展开法，许多学者推导了各种非线性动力学模型，通过模型理论分析、解析求解和数值模拟等方法研究了 beta 效应、基本剪切流、地形、耗散和外源等物理因素对非线性 Rossby 孤立波的影响。在 beta 平面近似下（指 Rossby 参数 β 是常数），Long（1964）从正压浅水模式出发获得了非线性 Rossby 孤立波振幅演变满足的 KdV 方程，开启了 Rossby 孤立波模型研究。在 Long 的基础上，Benney（1966）进一步研究了 Rossby 孤立波振幅演化过程，强调了非线性作用的重要性。Wadati（1973）得到了刻画非线性 Rossby 孤立波的修正 KdV（mKdV）模型。Redekopp（1977）研究了水平剪切流作用下的非线性 Rossby 孤立波理论，指出基本剪切流是孤立波存在的必要条件。之后，他和 Weidman 从斜压准地转位涡方程出发推导了耦合非线性 KdV 方程，描述具有不同相速度的 Rossby 孤立波在纬向剪切流下的相互作用。Boyd（1980）从浅水波方程出发，利用奇异摄动法推导了 KdV 和 mKdV 方程描述赤道非线性 Rossby 孤立波演变。Ono（1981）推导了描述代数 Rossby 孤立波的 Benjamin-Davis-Ono（BDO）方程。

国内学者刘式适等（1987）分别依据浅水波模式和斜压模式的方程组讨论了非线性 Rossby 孤立波，指出半地转近似体现了非线性特征。何建中（1994）在半地转近似下，利用相函数方法得到纬向切变气流中非线性 Rossby 波的孤立波解。赵强等（2000，2001）从准地转正压位涡方程出发，采用长波近似中多尺度变换分别推导了描述赤道非线性 Rossby 孤立波和包络孤立波振幅演变的 KdV 方程和 Schrödinger 方程，通过建立模型并分析表明，基本剪切流是孤立波存在的必要条件。已有研究表明，地形对大尺度大气和海洋运动的影响意义重大，因此，人们采用不同方法研究地形对大尺度非线性 Rossby 孤立波的影响。吕克利（1986，1987，1994）、蒋后硕（1998）等讨论了地形对 Rossby 孤立波稳定性和波射线的影响，推导了强迫的 KdV 方程和 KdV-Burgers 方程，指出大地形（基本地形）是产生 Rossby 孤立波的重要因子，且其对阻塞高压形成具有一定的作用。Meng 等（2000，2002）研究了地形、耗散和外源作用下强迫 Boussinesq 模型和描述非线性代数孤立波 BDO-Burgers 模型。刘式适等（1988）、朱开成等（1991）、何建中（1993）、赵平等（1991）、赵强（1997）等采用不同方法研究了地形对非线性 Rossby 孤立波的影响，特别是对稳定性的影响。

考虑到实际 Rossby 参数 β 随纬度 φ 变化，即 $\beta=\frac{\partial f}{\partial y}=\frac{2\Omega\cos\varphi}{a}$。刘式适等（1992）把 beta 平面扩展为 $f=f_0+\beta_0 y-\delta_0\frac{y^2}{2}$，研究了 β 变化对 Rossby 孤立波的影响。罗德海（1995）进一步考虑了在没有基本气流切变的情况下，β 变化能够激发 Rossby 孤立波，并解释了 β 变化也是中高纬地区偶极子阻塞产生的原因之一。宋健等（2009）将 beta 平面推广为更一般的情形，即 $f=f_0+\beta(y)y$，称为推广 beta 平面近似，并且在推广 beta 平面近似下，根据正压准地转位涡方程推导了描述 Rossby 孤立波振幅演变的 mKdV 方程，结果表明，即使没有切变基本流，推广 beta 效应仍能诱导孤立波。杨联贵等（2017）研究了不同地形效应下的 Rossby 孤立波。由于全球气候变化和全球变暖，导致海平面和大气山脉随时间发生缓慢变化，因此考虑地形随时间对 Rossby 孤立波的影响具有一定的实际意义。达朝究等（2008）、宋健等（2012，2013，2014）研究

了随时间缓慢变化的地形对非线性 Rossby 孤立波的影响。杨红卫等（2012）、赵宝俊等（2017）进一步研究了时空不稳定地形对非线性 Rossby 孤立波的影响。在推广 beta 平面近似下，张瑞岗（2019）研究了变化的纬向切变流作用下的变系数 mKdV 方程，解释了大气中一些复杂的波动现象。

本章将介绍多物理因素共同作用下非线性 Rossby 孤立波（1+1）维数学模型。在推广 beta 效应和基本剪切流的作用下，考虑缓变地形、耗散和外源等因素，从描述非线性 Rossby 孤立波的准地转位涡方程出发，利用约化摄动法推导了 Boussinesq 模型、fmKdV 模型。同时，利用数学物理方法对模型进行求解，并根据求解结果分析了 Rossby 孤立波演化过程的物理机制。正压流体中，推广 beta 平面近似下，包含地形、耗散和外源的准地转位涡方程如下：

$$\left(\frac{\partial}{\partial t}+\frac{\partial\psi}{\partial x}\frac{\partial}{\partial y}-\frac{\partial\psi}{\partial y}\frac{\partial}{\partial x}\right)\left[\nabla^2\psi+\beta(y)y+h(y,t)\right]=-\lambda\nabla^2\psi+Q \tag{1-1}$$

其中，ψ 是总流函数；$\beta(y)$ 是纬度变量 y 的函数；$\beta(y)y$（Rossby 参数 β 是纬度变量 y 的函数）表示推广的 beta 平面近似；$h(y, t)$ 为地形函数，表示地形随时间和沿纬向方向的变化；$\lambda>0$ 是耗散系数；Q 表示外源，一方面用来消除基本剪切流引起的耗散，另一方面考虑对 Rossby 孤立波的影响；∇^2 表示二维的 Laplace 算子，定义为 $\nabla^2=\frac{\partial^2}{\partial x^2}+\frac{\partial^2}{\partial y^2}$。

侧边界条件为刚壁条件：

$$\frac{\partial\psi}{\partial x}=0,\quad y=y_1,\ y_2 \tag{1-2}$$

其中，y_1、y_2 表示纬向流的南北边界。作如下的无量纲化：

$$(x, y)=L(x^*, y^*)\quad t=\frac{L}{U}t^*\quad \psi=UL\psi^*$$

$$\beta=\frac{U}{L^2}\beta^*\quad \lambda=\frac{U}{L}\lambda^*\quad Q=\frac{U^2}{L^2}Q^* \tag{1-3}$$

其中，L 为空间特征长度，U 为速度特征量，上标星号表示无量纲量。将方程（1-3）代入方程（1-1）和方程（1-2）并略去无量纲量的星号，得到无量纲方程：

$$\left(\frac{\partial}{\partial t}+\frac{\partial\psi}{\partial x}\frac{\partial}{\partial y}-\frac{\partial\psi}{\partial y}\frac{\partial}{\partial x}\right)\left[\nabla^2\psi+\beta(y)y+h(y,t)\right]=-\lambda\nabla^2\psi+Q \tag{1-4}$$

侧边界条件的无量纲形式为：

$$\frac{\partial\psi}{\partial x}=0,\ y=0,\ 1 \tag{1-5}$$

1.2 外源和耗散作用下非线性 Rossby 孤立波强迫 Boussinesq 模型

1.2.1 理论模型推导

在不考虑地形因素，且外源 $Q=Q(x,\ y,\ t)$的情形下，无量纲的准地转位涡方程（1-4）变为：

$$\left(\frac{\partial}{\partial t}+\frac{\partial\psi}{\partial x}\frac{\partial}{\partial y}-\frac{\partial\psi}{\partial y}\frac{\partial}{\partial x}\right)[\nabla^2\psi+\beta(y)y]=-\lambda\nabla^2\psi+Q(x,\ y,\ t) \tag{1-6}$$

本节采用 Gardner-Mörikawa 变换和摄动展开法（约化摄动法），得到描述非线性 Rossby 孤立波振幅演变所满足的强迫 Boussinesq 方程。假设总的流函数为：

$$\psi(x,\ y,\ t)=-\int_0^y[\bar{u}(s)-c_0+\varepsilon\alpha]\mathrm{d}s+\psi'(x,\ y,\ t) \tag{1-7}$$

其中，$\bar{u}$（y）是基本剪切流函数；c_0 是线性波的相速度；小参数 ε（$\varepsilon\ll 1$）表示考虑弱非线性问题；ψ'是扰动流函数；α 是量级为 1 的常数，称为失谐参数。

为了平衡耗散和非线性项，以及消除由切变基本流引起的耗散，假设：

$$\lambda=\varepsilon^{\frac{3}{2}}\mu\quad Q(x,\ y,\ t)=Q_0(y)+Q'(x,\ t)\quad Q_0(y)=-\lambda\bar{u}' \tag{1-8}$$

将方程（1-7）和方程（1-8）代入方程（1-6）和方程（1-5）中，得到扰动方程和边界条件：

$$\frac{\partial}{\partial t}\nabla^2\psi'+(\bar{u}-c_0+\varepsilon\alpha)\frac{\partial}{\partial x}\nabla^2\psi'+p(y)\frac{\partial\psi'}{\partial x}+\left(\frac{\partial\psi'}{\partial x}\cdot\frac{\partial}{\partial y}-\frac{\partial\psi'}{\partial y}\cdot\frac{\partial}{\partial x}\right)\nabla^2\psi'=-\varepsilon^{\frac{3}{2}}\mu\nabla^2\psi'+Q'(x,\ t) \tag{1-9}$$

$$\frac{\partial\psi'}{\partial x}=0 \quad y=0,\ 1 \tag{1-10}$$

其中，$p(y)=\frac{\mathrm{d}}{\mathrm{d}y}[\beta(y)y-\bar{u}']$。采用 Gardner-Mörikawa 变换：

$$X=\varepsilon^{\frac{1}{2}}x \quad y=y \quad T=\varepsilon t \tag{1-11}$$

将方程（1-11）代入方程（1-9）和方程（1-10）中，得到：

$$\left[\varepsilon^{\frac{1}{2}}\frac{\partial}{\partial T}+(\bar{u}-c_0+\varepsilon\alpha)\frac{\partial}{\partial X}\right]\left(\varepsilon\frac{\partial^2\psi'}{\partial X^2}+\frac{\partial^2\psi'}{\partial y^2}\right)+p(y)\frac{\partial\psi'}{\partial y}+\varepsilon\left(\frac{\partial\psi'}{\partial X}\frac{\partial}{\partial y}-\frac{\partial\psi'}{\partial y}\frac{\partial}{\partial X}\right)\frac{\partial^2\psi'}{\partial X^2}+\left(\frac{\partial\psi'}{\partial X}\frac{\partial}{\partial y}-\frac{\partial\psi'}{\partial y}\frac{\partial}{\partial X}\right)\frac{\partial^2\psi'}{\partial y^2}=-\varepsilon\mu\left(\varepsilon\frac{\partial^2\psi'}{\partial X^2}+\frac{\partial^2\psi'}{\partial y^2}\right)+\varepsilon^2Q_1(X,\ T) \tag{1-12}$$

$$\frac{\partial\psi'}{\partial X}=0 \quad y=0,\ 1 \tag{1-13}$$

这里考虑了外源和非线性项平衡，即 $Q'(X,\ T)=\varepsilon^2Q_1(X,\ T)$。

将扰动流函数 $\psi'(X,\ y,\ T)$ 作如下的小参数展开：

$$\psi'(X,\ y,\ T)=\varepsilon\psi_0(X,\ y,\ T)+\varepsilon^{\frac{3}{2}}\psi_1(X,\ y,\ T)+\varepsilon^2\psi_2(X,\ y,\ T)+\cdots \tag{1-14}$$

将方程（1-14）代入方程（1-12）和边界条件（1-13），从而得到 ε 的各阶摄动方程：

$$O\ (\varepsilon^1):\begin{cases}\dfrac{\partial}{\partial X}\left(\dfrac{\partial^2\psi_0}{\partial y^2}\right)+\dfrac{p\ (y)}{\bar{u}-c_0}\dfrac{\partial\psi_0}{\partial X}=0\\[2ex]\dfrac{\partial\psi_0}{\partial X}=0,\ y=0,\ 1\end{cases} \tag{1-15}$$

其中，$\bar{u}-c_0\neq0$。利用变量分离法，假设：

$$\psi_0(X,\ y,\ T)=A(X,\ T)\phi_0(y) \tag{1-16}$$

将式（1-16）代入方程（1-15），则：

$$\begin{cases}\phi''_0+\dfrac{p(y)}{\bar{u}-c_0}\phi_0=0\\[2ex]\phi_0(0)=\phi_0(1)=0\end{cases} \tag{1-17}$$

注意到方程（1-17）并不能确定 Rossby 孤立波振幅 $A(X,\ T)$，因此将考虑高阶的问题：

$$O(\varepsilon^{\frac{3}{2}}):\begin{cases}\dfrac{\partial}{\partial X}\left(\dfrac{\partial^2\psi_1}{\partial y^2}\right)+\dfrac{p(y)}{\bar{u}-c_0}\dfrac{\partial\psi_1}{\partial X}=-\dfrac{1}{\bar{u}-c_0}\dfrac{\partial}{\partial T}\left(\dfrac{\partial^2\psi_0}{\partial y^2}\right)\\ \dfrac{\partial\psi_1}{\partial X}=0,\ y=0,\ 1\end{cases}\tag{1-18}$$

不失一般性，假设：

$$\frac{\partial\psi_1}{\partial X}=\frac{\partial A}{\partial T}\phi_1(y)\tag{1-19}$$

将方程（1-19）代入方程（1-18），方程（1-18）变为：

$$\begin{cases}\phi''_1+\dfrac{p(y)}{\bar{u}-c_0}\phi_1=\dfrac{p(y)}{(\bar{u}-c_0)^2}\phi_0\\ \phi_1(0)=\phi_1(1)=0\end{cases}\tag{1-20}$$

为了得到 Rossby 孤立波振幅 $A(X,\ T)$ 演变满足的方程模型，需要考虑更高阶的问题：

$$O(\varepsilon^2):\ \frac{\partial}{\partial X}\left(\frac{\partial^2\psi_2}{\partial y^2}\right)+\frac{p(y)}{\bar{u}-c_0}\frac{\partial\psi_2}{\partial X}=-\frac{1}{\bar{u}-c_0}F\tag{1-21}$$

其中，

$$F=(\bar{u}-c_0)\frac{\partial^3\psi_0}{\partial X^3}+\alpha\frac{\partial}{\partial X}\left(\frac{\partial^2\psi_0}{\partial y^2}\right)+\frac{\partial}{\partial T}\left(\frac{\partial^2\psi_1}{\partial y^2}\right)+\left(\frac{\partial\psi_0}{\partial X}\frac{\partial}{\partial y}-\frac{\partial\psi_0}{\partial y}\frac{\partial}{\partial X}\right)\frac{\partial^2\psi_0}{\partial y^2}+$$
$$\mu\frac{\partial^2\psi_0}{\partial y^2}-Q_1(X,\ T)\tag{1-22}$$

利用本征值函数的正交性，得到方程（1-21）可解性条件：

$$\int_0^1\frac{\phi_0}{\bar{u}-c_0}F\mathrm{d}y=0\tag{1-23}$$

将方程（1-22）代入方程（1-23）中，并对 X 求偏导，再利用方程（1-16）、方程（1-19）以及边界条件，整理后得到：

$$\frac{\partial^2A}{\partial T^2}+\alpha_1\frac{\partial^2A}{\partial X^2}+\alpha_2\frac{\partial^2(A^2)}{\partial X^2}+\alpha_3\frac{\partial^4A}{\partial X^4}+\mu\alpha_4\frac{\partial A}{\partial X}=\alpha_5\frac{\partial Q_1(X,\ T)}{\partial X}\tag{1-24}$$

其中，

$$\begin{cases}\alpha_1=\dfrac{\alpha}{\sigma}\displaystyle\int_0^1\frac{\phi_0\phi''_0}{\bar{u}-c_0}\mathrm{d}y\\ \alpha_2=-\dfrac{1}{2\sigma}\displaystyle\int_0^1\frac{\phi_0^3}{\bar{u}-c_0}\frac{\mathrm{d}}{\mathrm{d}y}\left(\frac{p(y)}{\bar{u}-c_0}\right)\mathrm{d}y\\ \alpha_3=\dfrac{1}{\sigma}\displaystyle\int_0^1\phi_0^2\mathrm{d}y\\ \alpha_4=\dfrac{1}{\sigma}\displaystyle\int_0^1\frac{\phi_0\phi''_0}{\bar{u}-c_0}\mathrm{d}y\\ \alpha_5=\dfrac{1}{\sigma}\displaystyle\int_0^1\frac{\phi_0}{\bar{u}-c_0}\mathrm{d}y\\ \sigma=-\displaystyle\int_0^1\frac{\phi_0\phi''_1}{\bar{u}-c_0}\mathrm{d}y\end{cases}\tag{1-25}$$

这里 ϕ_0、ϕ_1 由本征值方程（1-17）和方程（1-20）来确定。方程（1-24）是刻画正压流体中在耗散和外源的共同作用下的非线性 Rossby 孤立波演变所满足的数学模型，通过分析方程（1-24）能够解释非线性 Rossby 孤立波的演化机制。当 $\alpha_4=0$ 和 $\alpha_5=0$ 时，方程（1-24）是标准的 Boussinesq 方程。因此，方程（1-24）被称为强迫非线性 Boussinesq 方程。

1.2.2　模型求解及方法

下面考虑带有外源和耗散的强迫非线性 Boussinesq 方程（1-24）的周期波解和孤立波解。当 $\alpha_4=0$ 和 $\alpha_5=0$ 时，方程（1-24）变为标准的 Boussinesq 方程，即：

$$\frac{\partial^2A}{\partial T^2}+\alpha_1\frac{\partial^2A}{\partial X^2}+\alpha_2\frac{\partial^2(A^2)}{\partial X^2}+\alpha_3\frac{\partial^4A}{\partial X^4}=0\tag{1-26}$$

利用 Jacobi 椭圆函数展开法，得到方程（1-26）的孤立波解为：

$$A(X,\ T)=-\frac{5\alpha_3k^2}{2\alpha_2}+\frac{6\alpha_3k^2}{\alpha_2}\mathrm{sech}^2[k(X-cT)]\tag{1-27}$$

其中，k 为径向线性波数，c 为相速度，且 $c^2=-\alpha_1+\alpha_3k^2$。

下面利用刘式适和付遵涛等的方法，即修正的 Jacobi 椭圆函数展开法求解方程（1-24）的周期波解和孤立波解。为了计算简单，并且能够解释外源对 Rossby 孤立波的影响，不妨假设 $\alpha_5\dfrac{\partial Q_1(X,\ T)}{\partial X}=R(T)$，则方程（1-24）变为：

$$\frac{\partial^2 A}{\partial T^2}+\alpha_1\frac{\partial^2 A}{\partial X^2}+\alpha_2\frac{\partial^2(A^2)}{\partial X^2}+\alpha_3\frac{\partial^4 A}{\partial X^4}+\mu\alpha_4\frac{\partial A}{\partial X}=R(T) \tag{1-28}$$

令

$$A(X,\ T)=B(X,\ T)+\tau(T) \tag{1-29}$$

其中，$\tau(T)=\int_0^T\left[\int_0^s R(\omega)\mathrm{d}\omega\right]\mathrm{d}s$。将式（1-29）代入方程（1-28），整理后得到：

$$\frac{\partial^2 B}{\partial T^2}+[\alpha_1+2\alpha_2\tau(T)]\frac{\partial^2 B}{\partial X^2}+\alpha_2\frac{\partial^2(B^2)}{\partial X^2}+\alpha_3\frac{\partial^4 B}{\partial X^4}+\mu\alpha_4\frac{\partial B}{\partial X}=0 \tag{1-30}$$

可以看到，方程（1-30）是关于时间 T 的变系数的 Boussinesq 方程。

假设方程（1-30）具有如下形式解：

$$B(X,\ T)=\sum_{j=0}^{n}b_j(T)\mathrm{sn}^j\xi \tag{1-31}$$

这里 $\xi=K(T)[X-C(T)]$，其中 $b_j(T)(j=0,\ 1,\ 2,\ \cdots,\ n)$、$K(T)$、$C(T)$ 是关于 T 的待定函数，sn(ξ, m) 是 Jacobi 椭圆函数，m 为 Jacobi 椭圆函数的模数（$0\leqslant m\leqslant 1$）。通过平衡方程（1-30）的最高阶非线性项和最高阶导数项，得到 $n=2$。于是方程（1-31）可写为：

$$B(X,\ T)=b_0(T)+b_1(T)\mathrm{sn}\xi+b_2(T)\mathrm{sn}^2\xi \tag{1-32}$$

将方程（1-32）代入方程（1-30），并且令 $\mathrm{sn}\xi$ 的各阶系数为零，得到：

$$\begin{cases}K(T)=k\\ C(T)=\dfrac{1}{2}\mu\alpha_4T^2\\ b_1(T)=0\\ b_2(T)=-\dfrac{6m^2\alpha_3k^2}{\alpha_2}\end{cases} \tag{1-33}$$

其中，k 为常数（通常取线性波数），而 $b_0(T)$ 满足下列常微分方程：

$$b''_0(T)-24\alpha_3 m^2k^4 b_0(T)=g(T) \tag{1-34}$$

其中，非齐次项

$$g(T)=24\alpha_3 m^2k^4\,\tau(T)-\frac{12\mu\alpha_3\alpha_4 m^2k^4}{\alpha_2}T^2+\frac{6\alpha_3 m^2k^2[2\alpha_1k^2-8\alpha_3(1+m^2)k^4]}{\alpha_2} \tag{1-35}$$

可以看到，方程（1-34）是二阶常系数非齐次线性常微分方程，并且给定函数$\tau(T)$ 后，容易求得方程的解。

因此，由方程（1-29）、方程（1-32）、方程（1-33）联立可以得到方程（1-28）的周期波解为：

$$A(X,\ T)=b_0(T)+\tau(T)-\frac{6m^2\alpha_3k^2}{\alpha_2}\mathrm{sn}^2\left[k\left(X-\frac{1}{2}\mu\alpha_4T^2\right)\right] \tag{1-36}$$

由于 $\mathrm{sn}^2\xi+\mathrm{cn}^2\xi=1$，并且当 $m\to1$ 时，$\mathrm{cn}\xi\to\mathrm{sech}\xi$，于是得到方程（1-28）的孤立波解为：

$$A(X,\ T)=b_0(T)+\tau(T)-\frac{6\alpha_3k^2}{\alpha_2}+\frac{6\alpha_3k^2}{\alpha_2}\mathrm{sech}^2\left[k\left(X-\frac{1}{2}\mu\alpha_4T^2\right)\right] \tag{1-37}$$

孤立波的波速为：

$$C_s=\mu\alpha_4T \tag{1-38}$$

对孤立波解（1-37）的解释：由于方程（1-34）的非齐次项 g（T）含有与外源相关的函数τ（T）和耗散系数 μ，因此，解 b_0（T）中必含有 τ（T）与 μ，从而说明外源和耗散是影响 Rossby 孤立波的强迫因素。另外，孤立波解（1-37）中出现非线性项系数 α_2，说明推广的 beta 效应和基本剪切流是诱导非线性 Rossby 孤立波的重要因素。从式（1-38）来看，耗散效应影响 Rossby 孤立波的波速。因此，孤立波解（1-37）从理论上进一步说明外源和耗散影响 Rossby 孤立波的演变和发展。

1.2.3　模型解释及演化机制分析

方程（1-24）是描述外源和耗散因素共同作用下非线性 Rossby 孤立波演化的数学理论模型，其中系数 α_2 由 β（y）、$\bar{u}$ 及 ϕ_0 和 ϕ_1 表示，这表明推广 beta 效应和基本剪切流都是诱导 Rossby 孤立波的非线性因素，而且即使没有基本剪切流（即 $\overline{u}=0$），推广 beta 效应也具有非线性作用，这与文献[52]结果一样。$\mu\alpha_4\frac{\partial A}{\partial X}$表示由耗散效应引起的强迫项，$\alpha_5\frac{\partial Q_1(X,\ T)}{\partial X}$表示由外源产生的非齐次强迫项。由此可见，推广 beta 效应、基本剪切流、外源和耗散都是非线性 Rossby 孤立波的影响因素。另外，模型（1-24）与杨红卫和吕克利等的模型不同，并且获得了模型（1-24）的精确孤立波解。通过模型理论分析和孤立波解（1-37）结果得出，推广 beta 效应和基本剪切流是 Rossby 孤立波非线性作用的重要因素。外源和耗散是影响非线性 Rossby 孤立波演变的外强迫因素。

1.3 缓变地形作用下非线性 Rossby 孤立波 fmKdV 模型

本章引言中指出地形作用对大尺度非线性 Rossby 孤立波有重要的影响，本节将介绍随时间缓变的地形对非线性 Rossby 孤立波影响的理论模型。

1.3.1 理论模型推导

对于无量纲的准地转位涡方程（1-4）和边界条件方程（1-5），在考虑外源 $Q=Q(y)$ 的情形下，假设地形函数为：

$$h(y,\ t)=h_0(y)+\varepsilon h_1(t) \tag{1-39}$$

其中，$h_0(y)$ 为随纬向变化的基本地形；$h_1(t)$ 为随时间缓变的地形；$\varepsilon\ll1$，是小参数，刻画地形随时间的缓变程度。

假设总流函数为：

$$\psi(x,\ y,\ t)=-\int_0^y[\overline{u}(y)-c_0]\mathrm{d}y+\varepsilon\psi'(x,\ y,\ t) \tag{1-40}$$

为了平衡耗散和非线性项，以及消除由基本剪切流引起的耗散，假设：

$$\lambda=\varepsilon^3\mu \quad Q=-\lambda\overline{u}' \tag{1-41}$$

采用 Gardner-Mörikawa 变换可得：

$$X=\varepsilon x \quad T=\varepsilon^3 t \tag{1-42}$$

将方程（1-39）至方程（1-42）代入方程（1-4）和边界条件方程（1-5）可得：

$$\left[\varepsilon^2\frac{\partial}{\partial T}+(\bar{u}-c_0)\frac{\partial}{\partial X}\right]\left(\varepsilon^2\frac{\partial^2\psi'}{\partial X^2}+\frac{\partial^2\psi'}{\partial y^2}\right)+p(y)\frac{\partial\psi'}{\partial y}+\varepsilon J\left(\psi',\ \frac{\partial^2\psi'}{\partial y^2}\right)+\varepsilon^2\frac{\mathrm{d}h_1}{\mathrm{d}T}+\varepsilon^3 J\left(\psi',\ \frac{\partial^2\psi'}{\partial X^2}\right)=-\varepsilon^2\mu\left(\varepsilon^2\frac{\partial^2\psi'}{\partial X^2}+\frac{\partial^2\psi'}{\partial y^2}\right) \tag{1-43}$$

$$\frac{\partial\psi'}{\partial X}=0 \quad y=0,\ 1 \tag{1-44}$$

其中，$p(y)=\dfrac{\mathrm{d}}{\mathrm{d}y}[\beta(y)y-\bar{u}'+h_0(y)]$；$J(a,\ b)=\dfrac{\partial a}{\partial x}\dfrac{\partial b}{\partial y}-\dfrac{\partial a}{\partial y}\dfrac{\partial b}{\partial x}$，是 Jacobi 算子。

将扰动流函数 $\psi'(X,\ y,\ T)$ 作如下的小参数展开：

$$\psi'(X,\ y,\ T)=\psi_0(X,\ y,\ T)+\varepsilon\psi_1(X,\ y,\ T)+\varepsilon^2\psi_2(X,\ y,\ T)+\cdots \tag{1-45}$$

将方程（1-45）代入方程（1-43）和方程（1-44）得到小参数 ε 的各阶摄动方程，对于零阶 $O(\varepsilon^0)$ 和一阶 $O(\varepsilon^1)$，利用变量分离法，分别假设：

$$\psi_0(X,\ y,\ T)=A(X,\ T)\phi_0(y) \tag{1-46}$$

$$\psi_1(X,\ y,\ T)=\frac{1}{2}A^2(X,\ T)\phi_0(y) \tag{1-47}$$

将方程（1-46）和方程（1-47）分别代入相应的各阶方程得到：

$$O(\varepsilon^0):\begin{cases}\phi''_0+\dfrac{p(y)}{\bar{u}-c_0}\phi_0=0\\[2mm]\phi_0(0)=\phi_0(1)=0\end{cases} \tag{1-48}$$

$$O(\varepsilon^1):\begin{cases}\phi''_1+\dfrac{p(y)}{\bar{u}-c_0}\phi_1=\dfrac{1}{\bar{u}-c_0}\dfrac{\mathrm{d}}{\mathrm{d}y}\left[\dfrac{p(y)}{\bar{u}-c_0}\right]\phi_0^2\\[2mm]\phi_1(0)=\phi_1(1)=0\end{cases} \tag{1-49}$$

其中，$\bar{u}-c_0\neq 0$。对于二阶 $O(\varepsilon^2)$ 问题：

$$\frac{\partial}{\partial X}\left(\frac{\partial^2\psi_2}{\partial y^2}\right)+\frac{p(y)}{\bar{u}-c_0}\frac{\partial\psi_2}{\partial X}=-\frac{1}{\bar{u}-c_0}F \tag{1-50}$$

其中，

$$F=\frac{\partial}{\partial T}\left(\frac{\partial^2\psi_0}{\partial y^2}\right)+(\bar{u}-c_0)\frac{\partial^3\psi_0}{\partial X^3}+\frac{\partial\psi_1}{\partial X}\frac{\partial^3\psi_0}{\partial y^3}-\frac{\partial\psi_1}{\partial y}\frac{\partial}{\partial X}\left(\frac{\partial^2\psi_0}{\partial y^2}\right)+\frac{\partial\psi_0}{\partial X}\frac{\partial^3\psi_1}{\partial y^3}-\frac{\partial\psi_0}{\partial y}\frac{\partial}{\partial X}\left(\frac{\partial^2\psi_1}{\partial y^2}\right)+\mu\frac{\partial^2\psi_0}{\partial y^2}+\frac{\mathrm{d}h_1}{\mathrm{d}T} \tag{1-51}$$

对于方程（1-50），利用可解条件 $\int_0^1\frac{\phi_0}{\bar{u}-c_0}F\mathrm{d}y=0$，得到：

$$A_T+\alpha_1A^2A_X+\alpha_2A_{XXX}+\mu A=H(T) \tag{1-52}$$

其中，

$$\begin{cases}\alpha_1=\dfrac{1}{\sigma}\displaystyle\int_0^1\frac{\phi_0}{\bar{u}-c_0}\left(\phi'''_0\phi_1-\frac{1}{2}\phi''_0+\frac{1}{2}\phi_0\phi'''_1-\phi'_0\phi''_1\right)\mathrm{d}y\\ \alpha_2=\dfrac{1}{\sigma}\displaystyle\int_0^1\phi_0^2\mathrm{d}y\\ \alpha_3=\dfrac{1}{\sigma}\displaystyle\int_0^1\frac{\phi_0}{\bar{u}-c_0}\mathrm{d}y\\ H(T)=\alpha_3\dfrac{\mathrm{d}h_1}{\mathrm{d}T}\\ \sigma=-\displaystyle\int_0^1\frac{p(y)}{\bar{u}-c_0}\phi_0^2\mathrm{d}y\end{cases} \tag{1-53}$$

这里 ϕ_0 和 ϕ_1 由本征值方程（1-48）和方程（1-49）来确定。方程（1-52）是描述在耗散和缓变地形作用下的非线性 Rossby 孤立波模型。μA 表示耗散项，$H(T)$ 表示由缓变地形产生的时间强迫项。当 $\mu=0$ 和 $H(T)=0$ 时，方程（1-52）是经典的 mKdV 方程。因此，方程（1-52）被称为 fmKdV 方程。

1.3.2 模型求解及方法

下面考虑带有外源和耗散强迫的非线性 Boussinesq 方程（1-24）的周

期波解和孤立波解。当 $\mu=0$ 和 $H(T)=0$ 时，利用 Jacobi 椭圆函数展开法，容易得到方程（1-52）的孤立波解：

$$A(X,\ T)=k\sqrt{-\frac{6\alpha_2}{\alpha_1}}\tanh k(X-cT) \tag{1-54}$$

其中，k 和 c 分别表示波数和波速，且 $c=-2\alpha_2k^2$，α_1 和 α_2 符号相反。

下面利用广义形变映射法求方程（1-52）的解析解。关于广义形变映射法的具体方法可参见文献［67］。

首先，作如下行波变换：

$$A(X,\ T)=A(\xi),\ \xi=KX+\omega \tag{1-55}$$

其中，$K=K(T)$ 和 $\omega=\omega(T)$ 为待定函数。将方程（1-55）代入方程（1-52）得：

$$(K'X+\omega')\frac{\mathrm{d}A}{\mathrm{d}\xi}+\alpha_1KA^2\frac{\mathrm{d}A}{\mathrm{d}\xi}+\alpha_2K^3\frac{\mathrm{d}^3A}{\mathrm{d}\xi^3}=H(T) \tag{1-56}$$

假设：

$$A(\xi)=\sum_{j=0}^{N}A_j(T)\phi^j(\xi)+\sum_{j=-N}^{-1}A_{N-j}(T)\phi^j(\xi) \tag{1-57}$$

其中，$A_i(T)$、$A_{N-j}(T)$（$i=0,\ 1,\ \cdots,\ N$；$j=-N,\ \cdots,\ -1$）为待定函数。$\phi(\xi)$ 是下列变系数常微分方程的解：

$$\phi'^2(\xi)=\sum_{j=0}^{4}a_j\phi^j(\xi) \tag{1-58}$$

其中，$a_j=a_j(T)$（$j=0,\ 1,\ 2,\ 3,\ 4$）是关于 T 的任意函数。

平衡方程（1-56）的最高阶非线性项和最高阶导数项，取 $N=1$。因此，方程（1-52）有下列形式解：

$$A(\xi)=A_0(T)+A_1(T)\phi(\xi)+A_2(T)\phi^{-1}(\xi) \tag{1-59}$$

将方程（1-59）代入方程（1-56），并令 $\phi^j(\xi)$ 和 $\phi^j(\xi)\sqrt{\sum_{j=0}^{4}a_j(T)\phi^j(\xi)}$ 的系数为零，得到 $A_0(T)$、$A_1(T)$、$A_2(T)$、$K(T)$、$\omega(T)$ 的代数方程组，借助 Maple 数学软件计算得到以下结果：

情形一：

$$\begin{cases} A_0 = \exp(-\mu T)\int_0^T H(s)\exp(\mu s)\mathrm{d}s \\ A_1 = \zeta k\sqrt{-\dfrac{6\alpha_2 a_4}{\alpha_1}} \\ K(T)=k,\ \zeta=\pm 1,\ A_2=0 \\ \omega(T)=\int_0^T\left\{-\alpha_1 k\exp(-2\mu\tau)\left[\int_0^\tau H(s)\exp(\mu s)\mathrm{d}s\right]^2 - a_2\alpha_2 k^3\right\}\mathrm{d}\tau \end{cases} \tag{1-60}$$

其中，k 为常数，取 $a_0=0$、$a_1=0$、a_2 为任意常数，a_3 和 a_4 分别满足条件：

$$\int_0^T H(s)\exp(\mu s)\mathrm{d}s = \frac{\zeta k a_3}{4}\exp(\mu T)\sqrt{-\frac{6\alpha_2}{\alpha_1 a_4}} \tag{1-61}$$

情形二：

$$\begin{cases} A_0 = \exp(-\mu T)\int_0^T H(s)\exp(\mu s)\mathrm{d}s \\ A_1 = \zeta k\sqrt{-\dfrac{6\alpha_2 a_0}{\alpha_1}} \\ K(T)=k,\ \zeta=\pm 1,\ A_1=0 \\ \omega(T)=\int_0^T\left\{-\alpha_1 k\exp(-2\mu\tau)\left[\int_0^\tau H(s)\exp(\mu s)\mathrm{d}s\right]^2 - a_2\alpha_2 k^3\right\}\mathrm{d}\tau \end{cases} \tag{1-62}$$

其中，k 为常数，取 $a_3=0$、$a_4=0$、a_2 为任意常数，a_0 和 a_1 分别满足条件：

$$\int_0^T H(s)\exp(\mu s)\mathrm{d}s = \frac{\zeta k a_1}{4}\exp(\mu T)\sqrt{-\frac{6\alpha_2}{\alpha_1 a_0}} \tag{1-63}$$

对应求解不同情形下的常微分方程（1-58）的解 $\phi(\xi)$，从而得到方程（1-52）的精确解为：

$$\begin{aligned} &A(X,\ T) = \exp(-\mu T)\int_0^T H(s)\exp(\mu s)\mathrm{d}s + \zeta k\sqrt{-\frac{6\alpha_2 a_4}{\alpha_1}}\phi(\xi) \\ &\xi = kX + \int_0^T\left\{-\alpha_1 k\exp(-2\mu\tau)\left[\int_0^\tau H(s)\exp(\mu s)\mathrm{d}s\right]^2 - a_2\alpha_2 k^3\right\}\mathrm{d}\tau \end{aligned} \tag{1-64}$$

和

$$A(X,\ T)=\exp(-\mu T)\int_0^T H(s)\exp(\mu s)\,\mathrm{d}s+\zeta k\sqrt{-\frac{6\alpha_2 a_0}{\alpha_1}}\phi^{-1}(\xi)$$

$$\xi=kX+\int_0^T\left\{-\alpha_1 k\exp(-2\mu\tau)\left[\int_0^\tau H(s)\exp(\mu s)\,\mathrm{d}s\right]^2-a_2\alpha_2 k^3\right\}\mathrm{d}\tau$$

（1-65）

孤立波的速度为：

$$C_s=\alpha_1\exp(-2\mu T)\left[\int_0^T H(s)\exp(\mu s)\,\mathrm{d}s\right]^2+a_2\alpha_2 k^2 \tag{1-66}$$

注意：这里 α_1 和 α_2 符号相反。在实际的大气和海洋运动中，随时间缓变的地形 H（T）和耗散 μ 都很小，因此，方程（1-66）是有意义的。由方程（1-64）至方程（1-66）可知，随时间缓变的地形影响孤立波的速度，而耗散影响孤立波的振幅和速度。

下面通过演化图进一步说明耗散和地形对 Rossby 波振幅 $A(X,\ T)$ 和速度 C_s 的影响。根据文献［67］，$\phi(\xi)=\dfrac{\mathrm{sech}\xi}{1+\tanh\xi+\mathrm{sech}\xi}$，取 $h_1=h_{10}\exp(MT)$，将其代入方程（1-64）。取参数 $h_{10}=0.2$，$M=-0.2$，$\mu=0.01$，$k=\zeta=1$，$a_0=0$，$a_1=0$，$a_2=1$，$a_3=-2$，$a_4=1$，$\alpha_1=1$，$\alpha_2=-\dfrac{1}{6}$，$\alpha_3=\dfrac{3}{2}$。

从图 1.1 至图 1.4 可以看出，缓变地形和耗散对 Rossby 波振幅和速度都有影响。

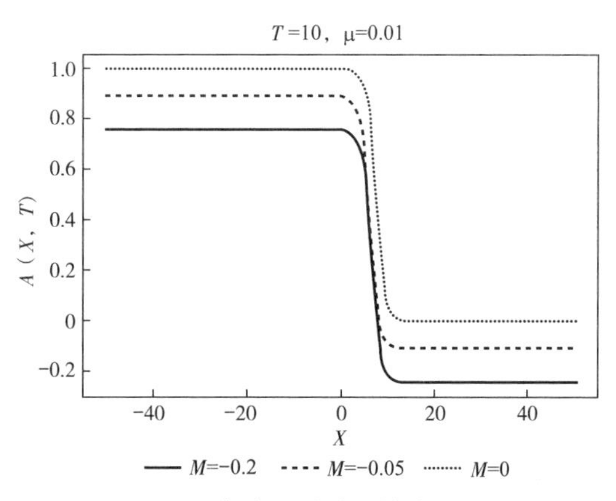

图 1.1　A（X，T）在地形影响下的演化（参数 $h_{10}=0.2$）

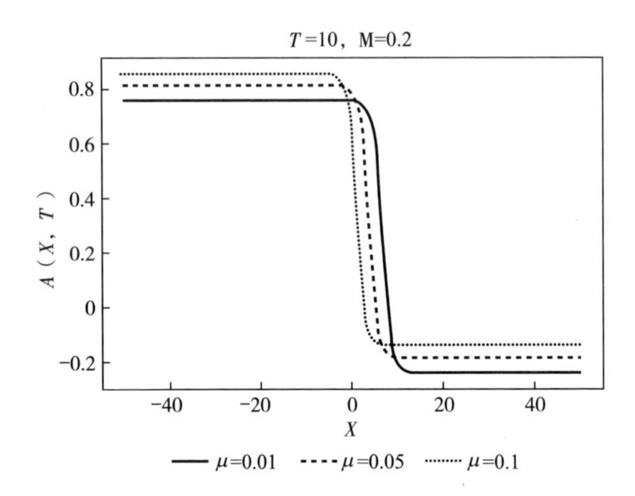

图 1.2　A（X，T）在耗散影响下的演化（参数 $h_{10}=0.2$）

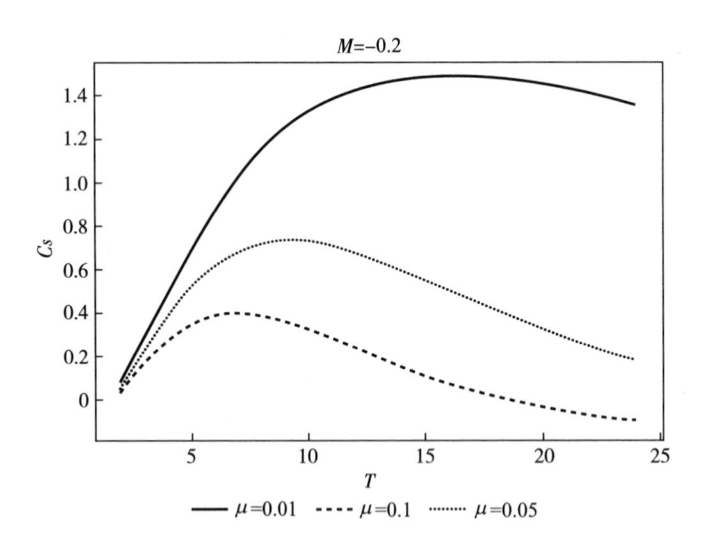

图 1.3　C_s 在耗散影响下的演化（参数 $h_{10}=1$）

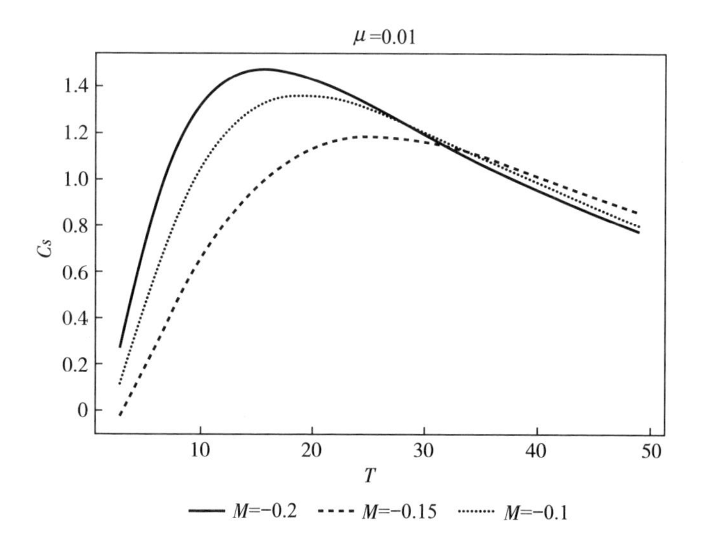

图 1.4　C_s 在地形影响下的演化（参数 $h_{10}=1$）

1.3.3　模型解释及演化机制分析

方程（1-52）是描述正压流体中在缓变地形和耗散因素共同作用下的非线性 Rossby 孤立波模型，称为 fmKdV 方程，系数 α_1 表示 Rossby 孤立波的非线性项，α_2 表示线性 Rossby 波色散项。通过对本征值方程（1-48）、方程（1-49）以及方程（1-53）分析可知，推广 beta 效应、基本地形和基本剪切流都是 Rossby 波非线性作用的重要因素。而且当 $\beta(y)=0$、$\bar{u}=0$、$h_0(y)\neq 0$ 时，$\alpha_1\neq 0$，这说明即使不考虑推广 beta 效应和基本剪切流，基本地形仍具有非线性效应。可见，基本地形与孤立波的形成有密切关系，这一结果与文献［39］一样。通过对模型理论分析和求解结果得到基本地形也是产生孤立波的重要因素之一，随时间缓变地形和耗散对 Rossby 孤立波的影响具有外强迫的作用。随时间缓变地形对孤立波振幅有影响，耗散对孤立波振幅和速度都有影响，这与实际大气和海洋运动中观测的波动现象一致。

1.4 小结

本章主要介绍了正压流体中刻画非线性 Rossby 孤立波演化（1+1）维模型。在推广 beta 平面近似下，从包含地形、耗散和外源的准地转位涡方程出发，利用约化摄动法，推导了强迫非线性 Boussinesq 方程、fmKdV 方程。根据推导的理论模型和求解结果，从理论上分析了非线性 Rossby 孤立波在演化过程中的影响因素，结果表明：推广 beta 效应、基本剪切流和基本地形是孤立波形成的必要因素，具有非线性作用；而耗散、外源和随时间缓变的地形对孤立波具有外强迫的作用，对孤立波的振幅和速度也有影响。

第❷章

正压流体中非线性 Rossby 孤立波（2+1）维理论模型及演化机制分析

2.1 引言

第 1 章主要介绍了非线性 Rossby 孤立波在直线上的传播特征，即（1+1）维模型。然而，对于实际大气和海洋运动，由于存在大气山脉和海洋海脊，孤立波的传播应该是在二维平面上。因此，建立（2+1）维非线性模型来研究大气和海洋运动中非线性波动问题具有实际意义。最早由 Gottwald 采用时空多尺度变换和摄动展开法，根据准地转正压位涡方程推导了（2+1）维 ZK 方程。杨红卫等推导了 ZK-Burgers 方程。张瑞岗、尹晓军、刘全生等考虑了推广 beta 效应、耗散、地形、外源和完整 Coriolis 等不同因素作用下的（2+1）维模型。

本章将介绍多物理因素共同作用下非线性 Rossby 孤立波（2+1）维数学模型，在推广 beta 效应和基本剪切流的作用下，考虑耗散和外源等因素，从正压准地转位涡方程出发，利用约化摄动法获得新的推广（2+1）维 mKdV-Burgers 模型和新的（2+1）维耗散 Boussinesq 模型。利用数学方法对模型进行求解，根据理论模型和求解结果分析 Rossby 孤立波的演化机制。

2.2 推广 beta 效应和耗散作用下非线性 Rossby 孤立波推广（2+1）维 mKdV-Burgers 模型

2.2.1 理论模型推导

对于无量纲的准地转位涡方程（1-4），在不考虑地形因素，且外源 $Q=Q(y)$ 的情形下，假设总流函数为：

$$\psi(x, y, t)=-\int_0^y[\bar{u}(y)-c_0]\,dy+\psi'(x, y, t) \tag{2-1}$$

为了平衡耗散和非线性项，以及消除由基本剪切流引起的耗散，假设：

$$\lambda=\varepsilon^{\frac{3}{2}}\mu \quad Q=-\lambda\bar{u}' \tag{2-2}$$

考虑（2+1）维 Rossby 孤立波在平面上传播，采用时空多尺度变换法：

$$X=\varepsilon^{\frac{1}{2}}x \quad Y=\varepsilon y \quad T=\varepsilon^{\frac{3}{2}}t \tag{2-3}$$

进一步得到：

$$\frac{\partial}{\partial x}=\varepsilon^{\frac{1}{2}}\frac{\partial}{\partial X} \quad \frac{\partial}{\partial y}=\frac{\partial}{\partial y}+\varepsilon\frac{\partial}{\partial Y} \quad \frac{\partial}{\partial t}=\varepsilon^{\frac{3}{2}}\frac{\partial}{\partial T} \tag{2-4}$$

将方程（2-1）至方程（2-4）代入方程（1-4）和边界条件方程（1-5）得到：

$$\left[\varepsilon\frac{\partial}{\partial T}+(\bar{u}-c_0)\frac{\partial}{\partial X}+\left(\frac{\partial\psi'}{\partial X}\frac{\partial}{\partial y}-\frac{\partial\psi'}{\partial y}\frac{\partial}{\partial X}\right)+\varepsilon\left(\frac{\partial\psi'}{\partial X}\frac{\partial}{\partial Y}-\frac{\partial\psi'}{\partial Y}\frac{\partial}{\partial X}\right)\right]$$
$$\left(\varepsilon\frac{\partial^2\psi'}{\partial X^2}+\frac{\partial^2\psi'}{\partial y^2}+2\varepsilon\frac{\partial^2\psi'}{\partial y\partial Y}+\varepsilon^2\frac{\partial^2\psi'}{\partial Y^2}\right)+p(y)\frac{\partial\psi'}{\partial X}$$
$$=-\varepsilon\mu\left(\varepsilon\frac{\partial^2\psi'}{\partial X^2}+\frac{\partial^2\psi'}{\partial y^2}+2\varepsilon\frac{\partial^2\psi'}{\partial y\partial Y}+\varepsilon^2\frac{\partial^2\psi'}{\partial Y^2}\right) \tag{2-5}$$

$$\frac{\partial\psi'}{\partial X}=0 \quad y=0, 1 \tag{2-6}$$

其中，$p(y)=\frac{\mathrm{d}}{\mathrm{d}y}[\beta(y)y-\overline{u}']$，将扰动流函数 $\psi'(X, y, Y, T)$ 作如下摄动展开：

$$\psi'(X, y, Y, T)=\varepsilon^{\frac{1}{2}}\psi_0(X, y, Y, T)+\varepsilon\psi_1(X, y, Y, T)+\varepsilon^{\frac{3}{2}}\psi_2(X, y, Y, T)+\cdots \tag{2-7}$$

将方程（2-7）代入方程（2-5）和方程（2-6），得到 ε 的各阶摄动问题，类似于前面的方法，对低阶问题采用变量分离法，假设：

$$\psi_0(X, y, Y, T)=A(X, Y, T)\phi_0(y) \tag{2-8}$$

$$\psi_1(X, y, Y, T)=\frac{1}{2}A^2(X, Y, T)\phi_1(y) \tag{2-9}$$

将方程（2-8）和方程（2-9）分别代入相应的各阶方程得到：

$$O(\varepsilon^{\frac{1}{2}}): \begin{cases}\phi''_0+\frac{p(y)}{\overline{u}-c_0}\phi_0=0\\ \phi_0(0)=\phi_0(1)=0\end{cases} \tag{2-10}$$

$$O(\varepsilon^{1}): \begin{cases}\phi''_1+\frac{p(y)}{\overline{u}-c_0}\phi_1=\frac{1}{\overline{u}-c_0}\frac{\mathrm{d}}{\mathrm{d}y}\left[\frac{p(y)}{\overline{u}-c_0}\right]\phi_0^2\\ \phi_1(0)=\phi_1(1)=0\end{cases} \tag{2-11}$$

其中，$\overline{u}-c_0\neq0$。对于二阶 $O(\varepsilon^{\frac{3}{2}})$ 问题：

$$\frac{\partial}{\partial X}\left(\frac{\partial^2\psi_2}{\partial y^2}\right)+\frac{p(y)}{\overline{u}-c_0}\frac{\partial\psi_2}{\partial X}=-\frac{1}{\overline{u}-c_0}F \tag{2-12}$$

其中，

$$F=\frac{\partial}{\partial T}\left(\frac{\partial^2\psi_0}{\partial y^2}\right)+2(\overline{u}-c_0)\frac{\partial}{\partial X}\left(\frac{\partial^2\psi_0}{\partial y\partial Y}\right)+(\overline{u}-c_0)\frac{\partial^3\psi_0}{\partial X^3}$$
$$+\frac{\partial\psi_0}{\partial X}\frac{\partial}{\partial y}\left(\frac{\partial^2\psi_1}{\partial y^2}\right)+\frac{\partial\psi_1}{\partial X}\frac{\partial}{\partial y}\left(\frac{\partial^2\psi_0}{\partial y^2}\right)-\frac{\partial\psi_1}{\partial y}\frac{\partial}{\partial X}\left(\frac{\partial^2\psi_0}{\partial y^2}\right)+\mu\frac{\partial^2\psi_0}{\partial y^2} \tag{2-13}$$

对于方程（2-12），利用可解条件 $\int_0^1\frac{\phi_0}{\overline{u}-c_0}F\mathrm{d}y=0$，得到：

$$\frac{\partial A}{\partial T}+\alpha_1A^2\frac{\partial A}{\partial X}+\alpha_2\frac{\partial^3A}{\partial X^3}+\alpha_3\frac{\partial^2A}{\partial X\partial Y}+\mu A=0 \tag{2-14}$$

其中，

$$\begin{cases}\alpha_1=\dfrac{1}{\sigma}\displaystyle\int_0^1\dfrac{\phi_0}{\bar{u}-c_0}\left(\dfrac{1}{2}\phi_0\phi''_1+\phi'''_0\phi_1-\phi'_0\phi''_1-\dfrac{1}{2}\phi''_0\phi'_1\right)\mathrm{d}y\\ \alpha_2=\dfrac{1}{\sigma}\displaystyle\int_0^1\phi_0^2\mathrm{d}y,\ \alpha_3=\dfrac{1}{\sigma}\displaystyle\int_0^1 2\phi_0\mathrm{d}y\\ \sigma=-\displaystyle\int_0^1\dfrac{p(y)\phi_0^2}{(\bar{u}-c_0)^2}\mathrm{d}y\end{cases}\tag{2-15}$$

这里 ϕ_0 和 ϕ_1 由本征值方程（2-10）和方程（2-11）来确定。方程（2-14）是一个新的高维模型方程，被称为推广（2+1）维非线性 mKdV-Burgers 方程。新的模型能描述高维 Rossby 孤立波在平面上传播的演变过程。

孤立波的质量和能量守恒律：下面通过新的模型方程（2-14），分析（2+1）维非线性 Rossby 孤立波质量和能量守恒律。假设：

$$A,\ \frac{\partial A}{\partial X},\ \frac{\partial A}{\partial Y},\ \frac{\partial^2 A}{\partial X^2}\to 0(\ |X|,\ \ |Y|\to 0)\tag{2-16}$$

将方程（2-14）改写为：

$$\frac{\partial}{\partial T}A+\frac{\partial}{\partial X}\left(\frac{\alpha_1}{3}A^3+\alpha_2\frac{\partial^2 A}{\partial X^2}+\alpha_3\frac{\partial A}{\partial Y}\right)+\mu A=0\tag{2-17}$$

对方程（2-17）关于 X 和 Y 从 $-\infty$ 到 $+\infty$ 积分得到：

$$\frac{\partial}{\partial T}\int_{-\infty}^{+\infty}\int_{-\infty}^{+\infty}A\mathrm{d}X\mathrm{d}Y+\mu\int_{-\infty}^{+\infty}\int_{-\infty}^{+\infty}A\mathrm{d}X\mathrm{d}Y=0\tag{2-18}$$

将方程（2-14）两边同时乘以 $2A$ 后改写为：

$$\frac{\partial}{\partial T}A^2+\frac{\partial}{\partial X}\left[\frac{\alpha_1}{2}A^2+2\alpha_2 A\frac{\partial^2 A}{\partial X^2}-\alpha_2\left(\frac{\partial A}{\partial X}\right)^2\right]+2\alpha_3\frac{\partial}{\partial Y}\left(A\frac{\partial A}{\partial X}\right)+2\mu A^2=0\tag{2-19}$$

对方程（2-19）关于 X 和 Y 从 $-\infty$ 到 $+\infty$ 积分得到：

$$\frac{\partial}{\partial T}\int_{-\infty}^{+\infty}\int_{-\infty}^{+\infty}A^2\mathrm{d}X\mathrm{d}Y+2\mu\int_{-\infty}^{+\infty}\int_{-\infty}^{+\infty}A^2\mathrm{d}X\mathrm{d}Y=0\tag{2-20}$$

由方程（2-18）和方程（2-20）推知，Rossby 孤立波的质量和能量与耗散有关，在不考虑耗散（$\mu=0$）的情况下，孤立波的质量和能量是守恒的。当 $\mu\neq 0$ 时，方程（2-18）和方程（2-20）可写为：

$$\int_{-\infty}^{+\infty}\int_{-\infty}^{+\infty}A\mathrm{d}X\mathrm{d}Y=\exp(-\mu T)\int_{-\infty}^{+\infty}\int_{-\infty}^{+\infty}A(X,\ Y,\ 0)\mathrm{d}X\mathrm{d}Y\tag{2-21}$$

$$\int_{-\infty}^{+\infty}\int_{-\infty}^{+\infty}A^2\mathrm{d}X\mathrm{d}Y=\exp(-2\mu T)\int_{-\infty}^{+\infty}\int_{-\infty}^{+\infty}A^2(X,\ Y,\ 0)\mathrm{d}X\mathrm{d}Y \tag{2-22}$$

由方程（2-21）和方程（2-22）可以看到，Rossby 孤立波的质量和能量随着耗散系数的增加而衰减。

2.2.2　模型求解及方法

对于新获得模型方程（2-14），首先在无耗散的情况下，利用双曲函数展开法得到扭结型的孤立波解；其次考虑在小耗散情形下，利用修正的双曲函数展开法得到渐近扭结型的孤立波解。

首先，考虑方程（2-14）在无耗散的情形下，即 $\mu=0$，作行波变换：

$$A(X,\ Y,\ T)=A(\xi)\quad \xi=kX+lY-\omega T \tag{2-23}$$

其中，k 和 l 分别表示 X 和 Y 方向的波数，ω 表示波的频率。将方程（2-23）代入方程（2-14）得到：

$$-\omega\frac{\mathrm{d}A}{\mathrm{d}\xi}+\alpha_1kA^2\frac{\mathrm{d}A}{\mathrm{d}\xi}+\alpha_2k^3\frac{\mathrm{d}^3A}{\mathrm{d}\xi^3}+\alpha_3kl^2\frac{\mathrm{d}^2A}{\mathrm{d}\xi^2}=0 \tag{2-24}$$

利用双曲函数展开法，假设：

$$A(\xi)=\sum_{j=0}^{n}b_j\tanh^j\xi \tag{2-25}$$

其中，b_j 是待定常数。类似于前面的求解方法，平衡方程最高阶非线性项和最高阶导数项，取 $n=1$。将方程(2-25)代入方程(2-24)，求解得到：

$$\begin{cases}b_0=\dfrac{\alpha_3l}{\alpha_1k}\sqrt{-\dfrac{\alpha_1}{6\alpha_2}}\\ b_1=k\sqrt{-\dfrac{6\alpha_2}{\alpha_1}}\\ \omega=-\dfrac{\alpha_3^2l^2}{6\alpha_2k}-2\alpha_2k^3\end{cases} \tag{2-26}$$

因此，方程（2-14）在 $\mu=0$ 时的孤立波解为：

$$A(X,\ Y,\ T)=\frac{\alpha_3l}{\alpha_1k}\sqrt{-\frac{\alpha_1}{6\alpha_2}}+k\sqrt{-\frac{6\alpha_2}{\alpha_1}}\tanh(kX+lY-\omega T) \tag{2-27}$$

其次，考虑在小耗散情形下（$\mu \ll 1$），方程（2-14）的渐近扭结型孤立波解。利用修正的双曲函数展开法，假设：

$$A(X,\ Y,\ T)=\lambda_0+\lambda_1\tanh\theta \tag{2-28}$$

其中，$\theta=k(T)[(X+Y)-\nu(T)]$，且 $\lambda_0=\lambda_0(T)$、$\lambda_1=\lambda_1(T)$、$k(T)$、$\nu(T)$ 是待定函数。将方程（2-28）代入方程（2-14）后，$\tanh\theta$ 的各阶幂次系数为零，于是得到代数方程组，解得（求解过程见文献［80］）：

$$\begin{cases}\lambda_0(T)=\dfrac{\alpha_3}{\alpha_1}\sqrt{-\dfrac{\alpha_1}{6\alpha_2}}\\ \lambda_1(T)=\overline{\lambda_1}\exp(-\mu T)\\ k(T)=\overline{\lambda_1}\sqrt{-\dfrac{\alpha_1}{6\alpha_2}}\exp(-\mu T)\\ \nu(T)\approx\displaystyle\int_0^T\left[-\dfrac{\alpha_3^2}{6\alpha_2}-2\overline{\lambda_1}\alpha_2\sqrt{-\dfrac{\alpha_1}{6\alpha_2}}\exp(-\mu\tau)\right]\mathrm{d}\tau\end{cases} \tag{2-29}$$

于是，方程（2-14）的渐近孤立波解为：

$$A(X,\ Y,\ T)\approx\frac{\alpha_3}{\alpha_1}\sqrt{-\frac{\alpha_1}{6\alpha_2}}+\overline{\lambda_1}\exp(-\mu T)\tanh\left\{\overline{\lambda_1}\sqrt{-\frac{\alpha_1}{6\alpha_2}}\exp(-\mu T)\left\{(X+Y)-\int_0^T\left[-\frac{\alpha_3^2}{6\alpha_2}-2\overline{\lambda_1}\alpha_2\sqrt{-\frac{\alpha_1}{6\alpha_2}}\exp(-\mu\tau)\right]\mathrm{d}\tau\right\}\right\} \tag{2-30}$$

孤立波的速度和宽度分别为：

$$C_s=-\frac{\alpha_3^2}{6\alpha_2}-2\overline{\lambda_1}\alpha_2\sqrt{-\frac{\alpha_1}{6\alpha_2}}\exp\left(-\frac{4}{3}\mu T\right) \tag{2-31}$$

$$W_s=-\frac{1}{\overline{\lambda_1}}\sqrt{-\frac{6\alpha_2}{\alpha_1}}\exp(\mu T) \tag{2-32}$$

由图 2.1 可以看出，在无耗散的情形下，孤立波的振幅随时间没有变化，且孤立波的波形为扭结形，这说明解（2-27）是方程（2-14）在 $\mu=0$ 时的精确扭结形孤立波解。由图 2.2 可以看到，由于耗散因素的影响，孤立

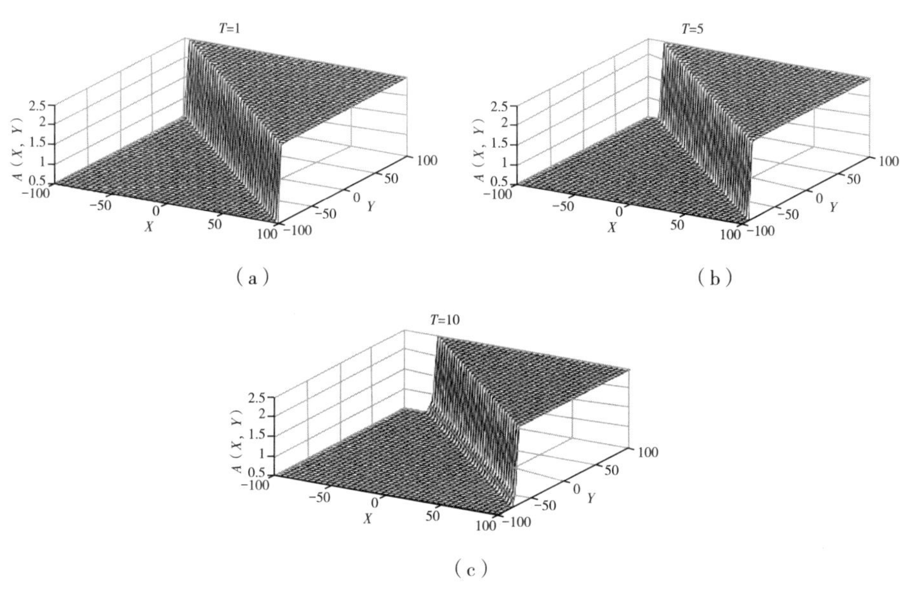

图 2.1 Rossby 波振幅 A（X，Y，T）的演化

$\left(参数\ k=l=1、\alpha_1=1、\alpha_2=-\frac{1}{6}、\alpha_3=\frac{3}{2}\right)$

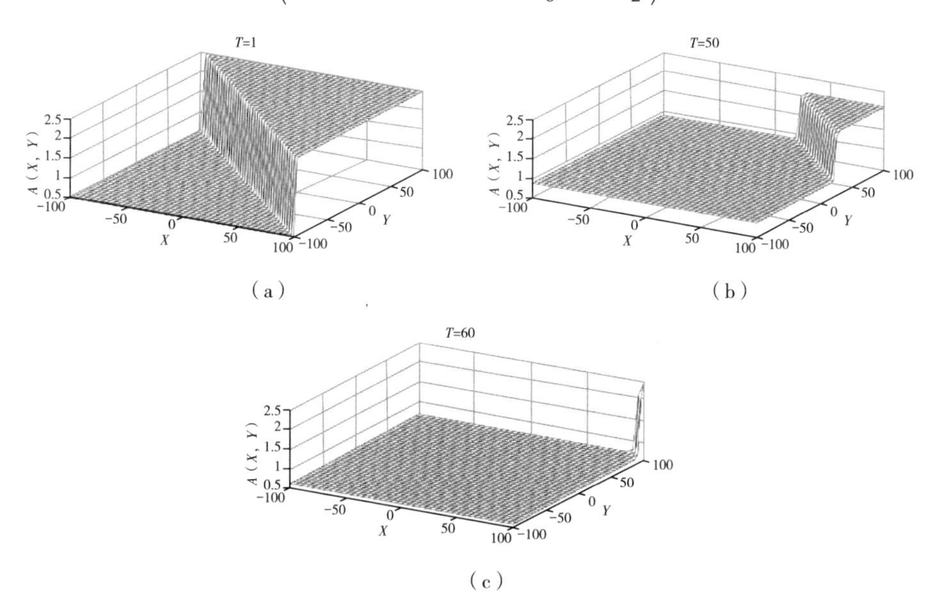

图 2.2 Rossby 波振幅 A（X，Y，T）的演化

$\left(参数\ \mu=0.01、\alpha_1=1、\alpha_2=-\frac{1}{6}、\alpha_3=\frac{3}{2}\right)$

波的振幅和速度随时间衰减，它的宽度反而增加。这说明耗散影响 Rossby 孤立波的演化过程，是孤立波衰减的主要因素之一。

2.2.3 模型解释及演化机制分析

新的推广（2+1）维非线性 mKdV-Burgers 方程［方程（2-14）］，能够描述 Rossby 孤立波在平面上传播的演化过程。系数 α_1 表示高维 Rossby 波的非线性项，α_2 和 α_3 表示线性 Rossby 孤立波频散项，μA 表示由耗散引起的强迫项。对模型进行理论分析可知，推广 beta 效应和基本剪切流都是产生孤立波的必要因素；耗散对孤立波起到的是外强迫作用，在 Rossby 孤立波形成过程中，耗散对孤立波的振幅、速度和宽度都有影响。

2.3 beta 效应和基本剪切流作用下非线性 Rossby 孤立波（2+1）维 Boussinesq 模型

本节将介绍一个新的（2+1）维非线性 Boussinesq 模型，利用新模型去刻画 Rossby 孤立波在平面上传播过程的物理机制，分析 beta 效应和基本剪切流对高维 Rossby 孤立波的演化影响。

2.3.1 理论模型推导

在不考虑地形、耗散和外源的情形下，在 beta 平面近似下的无量纲的准地转位涡方程为：

$$\left(\frac{\partial}{\partial t}+\frac{\partial \psi}{\partial x}\frac{\partial}{\partial y}-\frac{\partial \psi}{\partial y}\frac{\partial}{\partial x}\right)(\nabla^2\psi+\beta y)=0 \tag{2-33}$$

其中，β 为 Rossby 参数。假设总流函数为：

$$\psi(x,\ y,\ t)=-\int_0^y[\overline{u}(s)-c_0+\varepsilon\alpha]\mathrm{d}s+\psi'(x,\ y,\ t) \tag{2-34}$$

采用约化摄动法：

$$X=\varepsilon^{\frac{1}{2}}x \quad Y=\varepsilon^{\frac{1}{2}}y \quad T=\varepsilon t \tag{2-35}$$

进一步有：

$$\frac{\partial}{\partial x}=\varepsilon^{\frac{1}{2}}\frac{\partial}{\partial X} \quad \frac{\partial}{\partial y}=\frac{\partial}{\partial y}+\varepsilon^{\frac{1}{2}}\frac{\partial}{\partial Y} \quad \frac{\partial}{\partial t}=\varepsilon\frac{\partial}{\partial T} \tag{2-36}$$

对扰动流函数 ψ' 作小参数展开：

$$\psi'(X,\ y,\ Y,\ T)=\varepsilon\psi_1+\varepsilon^{\frac{3}{2}}\psi_2+\varepsilon^2\psi_3+\cdots \tag{2-37}$$

将方程（2-34）至方程（2-37）代入方程（2-33）和边界条件方程（1-5），得到：

$$O(\varepsilon^1):\begin{cases}(\bar{u}-c_0)\dfrac{\partial}{\partial X}\left(\dfrac{\partial^2\psi_1}{\partial y^2}\right)+(\beta-\bar{u}'')\dfrac{\partial\psi_1}{\partial X}=0\\ \dfrac{\partial\psi_1}{\partial X}=0,\ y=0,\ 1\end{cases} \tag{2-38}$$

$$O(\varepsilon^{\frac{3}{2}}):\begin{cases}(\bar{u}-c_0)\dfrac{\partial}{\partial X}\left(\dfrac{\partial^2\psi_2}{\partial y^2}\right)+(\beta-\bar{u}'')\dfrac{\partial\psi_2}{\partial X}\\ =-\dfrac{\partial}{\partial T}\left(\dfrac{\partial^2\psi_1}{\partial y^2}\right)-2(\bar{u}-c_0)\dfrac{\partial}{\partial X}\left(\dfrac{\partial^2\psi_1}{\partial y\partial Y}\right)\\ \dfrac{\partial\psi_2}{\partial X}=0,\ y=0,\ 1\end{cases} \tag{2-39}$$

$$O(\varepsilon^2):\begin{cases}(\bar{u}-c_0)\dfrac{\partial}{\partial X}\left(\dfrac{\partial^2\psi_3}{\partial y^2}\right)+(\beta-\bar{u}'')\dfrac{\partial\psi_3}{\partial X}=-F\\ \dfrac{\partial\psi_3}{\partial X}=0,\ y=0,\ 1\end{cases} \tag{2-40}$$

其中，

$$\begin{aligned}F=&(\bar{u}-c_0)\frac{\partial}{\partial X}\left(\frac{\partial^2\psi_1}{\partial X^2}\right)+\frac{\partial}{\partial T}\left(\frac{\partial^2\psi_2}{\partial y^2}\right)+\alpha\frac{\partial}{\partial X}\left(\frac{\partial^2\psi_1}{\partial y^2}\right)+\\&2\frac{\partial}{\partial T}\left(\frac{\partial^2\psi_1}{\partial y\partial Y}\right)+2(\bar{u}-c_0)\frac{\partial}{\partial X}\left(\frac{\partial^2\psi_2}{\partial y\partial Y}\right)+(\bar{u}-c_0)\frac{\partial}{\partial X}\left(\frac{\partial^2\psi_1}{\partial Y^2}\right)+\\&\left[\frac{\partial\psi_1}{\partial X}\frac{\partial}{\partial y}\left(\frac{\partial^2\psi_1}{\partial y^2}\right)-\frac{\partial\psi_1}{\partial y}\frac{\partial}{\partial X}\left(\frac{\partial^2\psi_1}{\partial y^2}\right)\right]\end{aligned} \tag{2-41}$$

令 $\psi_1=A(X,\ Y,\ T)\phi_1(y)$，将其代入方程（2-38）得到：

$$\begin{cases}\phi''_1+\dfrac{\beta-\bar{u}''}{\bar{u}-c_0}\phi_1=0\\ \phi_1(0)=\phi_1(1)=0\end{cases} \tag{2-42}$$

其中，$\bar{u}-c_0\neq0$，令：

$$\psi_2=B_1(X,\ Y,\ T)\phi_{21}(y)+B_2(X,\ Y,\ T)\phi_{22}(y) \tag{2-43}$$

将方程（2-43）代入方程（2-39）得到：

$$(\bar{u}-c_0)(B_{1X}\phi''_{21}+B_{2X}\phi''_{22})+(\beta-\bar{u}'')(B_{1X}\phi_{21}+B_{2X}\phi_{22})=-A_T\phi''_1-2(\bar{u}-c_0)A_{XY}\phi'_1 \tag{2-44}$$

这里 $B_{1X}=\dfrac{\partial B_1}{\partial X}$，其他符号表示同前。

为了使问题简单，并且能够获得（2+1）维非线性 Boussinesq 方程，在不失一般性的情况下，假设：

$$B_{1X}=A_T\quad B_2=A_Y \tag{2-45}$$

将方程（2-43）和方程（2-45）代入方程（2-39），利用线性方程的分离性，分别得到下列两个本征值方程：

$$\begin{cases}\phi''_{21}+\dfrac{\beta-\bar{u}''}{\bar{u}-c_0}\phi_{21}=\dfrac{\beta-\bar{u}''}{(\bar{u}-c_0)^2}\phi_1\\ \phi_{21}(0)=\phi_{21}(1)=0\end{cases} \tag{2-46}$$

$$\begin{cases}\phi''_{22}+\dfrac{\beta-\bar{u}''}{\bar{u}-c_0}\phi_{22}=-2\phi'_1\\ \phi_{22}(0)=\phi_{22}(1)=0\end{cases} \tag{2-47}$$

利用方程（2-40）的可解条件 $\int_0^1\dfrac{\phi_0}{\bar{u}-c_0}F\mathrm{d}y=0$，并将方程（2-41）代入其中，对 X 求偏导，再利用式（2-45）即可获得如下方程：

$$A_{TT}+e_1A_{XX}+e_2(A^2)_{XX}+e_3A_{TXY}+e_4A_{XXXX}+e_5A_{XXYY}=0 \tag{2-48}$$

其中，

$$
\begin{cases}
e_1 = -\dfrac{\alpha}{I}\displaystyle\int_0^1 \dfrac{\beta - \bar{u}''}{(\bar{u} - c_0)^2}\phi_1^2 \mathrm{d}y \\
e_2 = -\dfrac{1}{2I}\displaystyle\int_0^1 \dfrac{\phi_1^3}{\bar{u} - c_0}\dfrac{\mathrm{d}}{\mathrm{d}y}\left(\dfrac{\beta - \bar{u}''}{\bar{u} - c_0}\right)\mathrm{d}y \\
e_3 = \dfrac{1}{I}\displaystyle\int_0^1 \left[2\phi_1\phi'_{21} - \dfrac{\beta - \bar{u}''}{(\bar{u} - c_0)^2}\phi_1\phi_{22}\right]\mathrm{d}y \\
e_4 = \dfrac{1}{I}\displaystyle\int_0^1 \phi_1^2 \mathrm{d}y \\
e_5 = \dfrac{1}{I}\displaystyle\int_0^1 (2\phi_1\phi'_{22} + \phi_1^2)\mathrm{d}y \\
I = \displaystyle\int_0^1 \dfrac{\beta - \bar{u}''}{(\bar{u} - c_0)^2}\left(\dfrac{\phi_1^2}{\bar{u} - c_0} - \phi_1\phi_{21}\right)\mathrm{d}y
\end{cases}
\tag{2-49}
$$

方程（2-48）是一个新（2+1）维非线性 Boussinesq 方程，它能够刻画 Rossby 孤立波在二维平面上的演化过程。新的模型不同于已有的高维 Boussinesq 方程。ϕ_0、ϕ_{21}、ϕ_{22} 由本征值方程（2-42）、方程（2-46）和方程（2-47）确定。当 $e_3=0$ 和 $e_5=0$ 时，方程（2-48）是（1+1）维 Boussinesq 方程。系数 e_2 表示非线性项，由方程（2-49）可知，基本剪切流能够诱导非线性 Rossby 孤立波，而且是非线性孤立波存在的必要条件。另外，如果考虑推广 beta 效应，它与基本剪切流具有等效性，可见推广 beta 效应的重要性。系数 e_1、e_3、e_4 和 e_5 表示线性 Rossby 孤立波的频散关系。

线性频散关系：对于新模型，利用正交模方法分析线性 Rossby 孤立波的频散关系。假设 $A(X, Y, T)=A_0\exp(\mathrm{i}\xi)$，$\xi=kX+lY-\omega T$，将其代入方程（2-48）的线性部分，得：

$$
\omega=\frac{1}{2}\left[\mathrm{i}e_3kl\pm k\sqrt{4(e_4k^2+e_5l^2)-(e_3^2l^2+4e_1)}\right] \tag{2-50}
$$

当 $e_3<0$，$\Delta=4(e_4k^2+e_5l^2)-(e_3^2l^2+4e_1)>0$，

$$
A(X, Y, T)=A_0\exp\left(\frac{1}{2}e_3klT\right)\exp\left[\mathrm{i}\left(kX+lY\pm\frac{1}{2}k\sqrt{\Delta}T\right)\right] \tag{2-51}
$$

由方程（2-50）可知，高维线性 Rossby 孤立波的频散关系是比较复杂的，受到 beta 效应和基本剪切流因素的影响。分析方程（2-51）可知，e_3

说明 beta 效应和基本剪切流具有耗散效应，能够引起线性 Rossby 孤立波振幅衰减，充分说明了新模型刻画的高维线性 Rossby 孤立波是耗散波，这一结果对于高维非线性 Rossby 孤立波模型是首次获得。

2.3.2 模型求解及方法

对于（2+1）维非线性 Boussinesq 方程，假设：

$$A(X,\ Y,\ T)=A(\xi),\ \xi=kX+lY-\omega T \tag{2-52}$$

将方程（2-52）代入方程（2-48），然后对 ξ 积分两次并取积分常数为零，得到：

$$(\omega^2+e_1k^2)A+e_2k^2A^2-e_3kl\omega\frac{\mathrm{d}A}{\mathrm{d}\xi}+(e_4k^4+e_5k^2l^2)\frac{\mathrm{d}^2A}{\mathrm{d}\xi^2}=0 \tag{2-53}$$

下面考虑方程（2-53），通过采用行波法和最简方程法分别获得方程（2-48）的一般解和多孤子解。

2.3.2.1 行波法

首先，作一个新的变换：

$$A(\xi)=\mathrm{e}^{-\sigma\xi}G(\xi) \tag{2-54}$$

进一步得到：

$$\frac{\mathrm{d}A}{\mathrm{d}\xi}=(G_\xi-\sigma G)\mathrm{e}^{-\sigma\xi}\quad \frac{\mathrm{d}^2A}{\mathrm{d}\xi^2}=(\sigma^2G-2\sigma G_\xi+G_{\xi\xi})\mathrm{e}^{-\sigma\xi} \tag{2-55}$$

将方程（2-54）和方程（2-55）代入方程（2-53），得到：

$$(e_4k^4+e_5k^2l^2)G_{\xi\xi}+[-2(e_4k^4+e_5k^2l^2)\sigma-e_3kl\omega]G_\xi+[(e_4k^4+e_5k^2l^2)\sigma^2+e_3kl\omega\sigma+(\omega^2+e_1k^2)]G+e_2k^2\mathrm{e}^{-\sigma\xi}G^2=0 \tag{2-56}$$

其次，假设：

$$G(\xi)=g(z)\quad z=z(\xi) \tag{2-57}$$

进一步得到：

$$G_\xi=g_z\frac{\mathrm{d}z}{\mathrm{d}\xi}\quad G_{\xi\xi}=g_{zz}\left(\frac{\mathrm{d}z}{\mathrm{d}\xi}\right)^2+g_z\frac{\mathrm{d}^2z}{\mathrm{d}\xi^2} \tag{2-58}$$

将方程（2-57）和方程（2-58）代入方程（2-56），得到：

$$(e_4k^4+e_5k^2l^2)g_{zz}\left(\frac{\mathrm{d}z}{\mathrm{d}\xi}\right)^2+e_2k^2e^{-\sigma\xi}g^2+\left\{(e_4k^4+e_5k^2l^2)\frac{\mathrm{d}^2z}{\mathrm{d}\xi^2}-[2(e_4k^4+e_5k^2l^2)\sigma+e_3kl\omega]\frac{\mathrm{d}z}{\mathrm{d}\xi}\right\}z_z+[(e_4k^4+e_5k^2l^2)\sigma^2+e_3kl\omega\sigma+(\omega^2+e_1k^2)]g=0 \tag{2-59}$$

为了得到方程（2-48）的一般解，假设：

$$\left(\frac{\mathrm{d}z}{\mathrm{d}\xi}\right)^2=-\frac{e_2k^2}{6(e_4k^4+e_5k^2l^2)}\mathrm{e}^{-\sigma\xi} \tag{2-60}$$

$$\frac{\mathrm{d}^2z}{\mathrm{d}\xi^2}=-\frac{2(e_4k^4+e_5k^2l^2)\sigma+e_3kl\omega}{6(e_4k^4+e_5k^2l^2)}\frac{\mathrm{d}z}{\mathrm{d}\xi} \tag{2-61}$$

$$(e_4k^4+e_5k^2l^2)\sigma^2+e_3kl\omega\sigma+(\omega^2+e_1k^2)=0 \tag{2-62}$$

因此，方程（2-58）变为：

$$g_{zz}=6g^2 \tag{2-63}$$

方程（2-63）两边同乘以 $2g_z$，再对 ξ 积分，得到：

$$g_z^2=4g^3-C_1 \tag{2-64}$$

其中，C_1 为积分常数。注意到方程（2-63）可以用 Weierstrass 椭圆函数表示为：

$$g(z)=\wp(z,\ 0,\ C_1) \tag{2-65}$$

从方程（2-59）至方程（2-62）可以得到：

$$z(\xi)=C_2-2\sqrt{-\frac{e_2k^2}{6(e_4k^4+e_5k^2l^2)}}\mathrm{e}^{-\frac{\sigma\xi}{2}} \tag{2-66}$$

$$\sigma=-\frac{2e_3kl\omega}{5(e_4k^4+e_5k^2l^2)} \tag{2-67}$$

$$\omega^2=\frac{25e_1k^2(e_4k^2+e_5l^2)}{6e_3l^2-25(e_4k^2+e_5l^2)} \tag{2-68}$$

其中，C_2 为积分常数。因此，由方程（2-54）、方程（2-57）和方程（2-64）得到方程（2-48）的一般解为：

$$A(\xi)=\mathrm{e}^{-\sigma\xi}\wp\left(C_2-2\sqrt{-\frac{e_2k^2}{6(e_4k^4+e_5k^2l^2)}}\mathrm{e}^{-\frac{\sigma\xi}{2}},\ 0,\ C_1\right) \tag{2-69}$$

其中，$\sigma=-\dfrac{2e_3kl\omega}{5(e_4k^4+e_5k^2l^2)}$，$\xi=kX+lY-\omega T$，$\omega=\pm\sqrt{\dfrac{25e_1k^2(e_4k^2+e_5l^2)}{6e_3l^2-25(e_4k^2+e_5l^2)}}$。

2.3.2.2 最简方程法

假设：

$$A(\xi)=\sum_{j=0}^{M}\lambda_j Q^j \tag{2-70}$$

其中，$Q=Q(\xi)$ 是一个函数，满足下列常微分方程：

$$Q'=aQ^2+b \tag{2-71}$$

其中，a，b 是任意常数，方程（2-71）被称为黎卡提方程，有如下形式解：

情形一：当 $a=-b$ 时，

$$Q=Q(\xi)=\tanh(b\xi) \tag{2-72}$$

情形二：当 $a=b$ 时，

$$Q=Q(\xi)=\tan(b\xi) \tag{2-73}$$

平衡方程（2-53）的最高阶非线性项和最高阶导数项，取 $M=2$。将方程（2-70）代入方程（2-53），得到下列代数方程组：

$$\begin{cases}6(e_4k^4+e_5k^2l^2)a^2\lambda_2+e_2k^2\lambda_2^2=0\\ 2(e_4k^4+e_5k^2l^2)a^2\lambda_1-2e_3kl\omega a\lambda_2+2e_2k^2\lambda_1\lambda_2=0\\ 8(e_4k^4+e_5k^2l^2)ab\lambda_2-e_3kl\omega a\lambda_1+e_2k^2(2\lambda_0\lambda_2+\lambda_1^2)+\\ (\omega^2+e_1k^2)\lambda_2=0\\ 2(e_4k^4+e_5k^2l^2)ab\lambda_1-2e_3kl\omega b\lambda_2+2e_2k^2\lambda_0\lambda_1+\\ (\omega^2+e_1k^2)\lambda_1=0\\ 2(e_4k^4+e_5k^2l^2)b^2\lambda_2-e_3kl\omega b\lambda_1+e_2k^2\lambda_0^2+(\omega^2+e_1k^2)\lambda_2=0\end{cases} \tag{2-74}$$

对于方程组（2-74），借助数学软件 Maple 计算得到：

$$\begin{cases}\lambda_0=-\dfrac{12ab(e_4k^4+e_5k^2l^2)+(\omega^2+e_1k^2)}{2e_3kl\omega}\\ \lambda_1=\dfrac{6ae_3kl\omega}{5e_2k}\\ \lambda_2=-\dfrac{6a^2(e_4k^2+e_5l^2)}{e_2}\end{cases} \tag{2-75}$$

这里 a、b 满足：

$$ab=-\frac{e_3^2l^2\omega^2}{100k^2(e_4k^2+e_5l^2)^2} \tag{2-76}$$

$$a^2=\frac{\omega^2+e_1k^2}{25k^2(e_4k^2+e_5l^2)}-\frac{e_3^2l^2\omega^2}{100k^2(e_4k^2+e_5l^2)}+\frac{3e_3^4l^4\omega^4}{125k^2(e_4k^2+e_5l^2)(\omega^2+e_1k^2)} \tag{2-77}$$

因此，联立方程（2-70）、方程（2-72）、方程（2-75）和方程（2-76），得到方程（2-48）的行波解：

$$\begin{aligned}A(X,\ Y,\ T)=&\frac{12b^2(e_4k^4+e_5k^2l^2)+(\omega^2+e_1k^2)}{2e_3kl\omega}\\&-\frac{6be_3kl\omega}{5e_2k}\tanh[b(kX+lY-\omega T)]\\&-\frac{6b^2(e_4k^2+e_5l^2)}{e_2}\tanh^2[b(kX+lY-\omega T)]\end{aligned} \tag{2-78}$$

其中，$b^2=\frac{e_3^2l^2\omega^2}{100k^2(e_4k^2+e_5l^2)^2}$，$\omega^2=\frac{25e_1k^2(e_4k^2+e_5l^2)}{6e_3l^2-25(e_4k^2+e_5l^2)}$。

再根据方程（2-70）、方程（2-72）、方程（2-75）和方程（2-77），且注意到 $\tan ix=i\tanh x$，得到方程（2-48）的另一行波解：

$$\begin{aligned}A(X,\ Y,\ T)=&\frac{12b_*^2(e_4k^4+e_5k^2l^2)+(\omega^2+e_1k^2)}{2e_3kl\omega}\\&\pm \mathrm{i}\frac{6b_*e_3kl\omega}{5e_2k}\tanh[b_*(kX+lY-\omega T)]\\&-\frac{6b_*^2(e_4k^2+e_5l^2)}{e_2}\tanh^2[b_*(kX+lY-\omega T)]\end{aligned} \tag{2-79}$$

其中，$b^2=-b_*^2$，$b_*^2=\frac{e_3^2l^2\omega^2}{100k^2(e_4k^2+e_5l^2)^2}$，$\omega^2=\frac{25e_1k^2(e_4k^2+e_5l^2)\mathrm{i}}{6e_3l^2\pm25(e_4k^2+e_5l^2)\mathrm{i}}$，$i$ 是虚数单位。

注意：当 e_2 和 e_3 不等于零时，方程（2-78）和方程（2-79）分别表示方程（2-48）的单孤子解和多孤子解，且 beta 效应和纬向剪切流影响 Rossby 传播。另外，由两种不同方法得到的解（2-69）、解（2-78）和解

(2-79) 说明 beta 效应是孤立波存在的必要因素。

由图 2.3 可以看出，式 (2-78) 表示方程 (2-48) 的单孤子解，波形呈现扭结形而且振幅随时间变化不大。由图 2.4 至图 2.6 也可以看出，式 (2-79) 表示方程 (2-48) 的多孤子解，比较图形可以发现，孤立波在演化过程中都呈现多孤波形，且振幅随时间增加而减小，波峰和波谷位置不同。

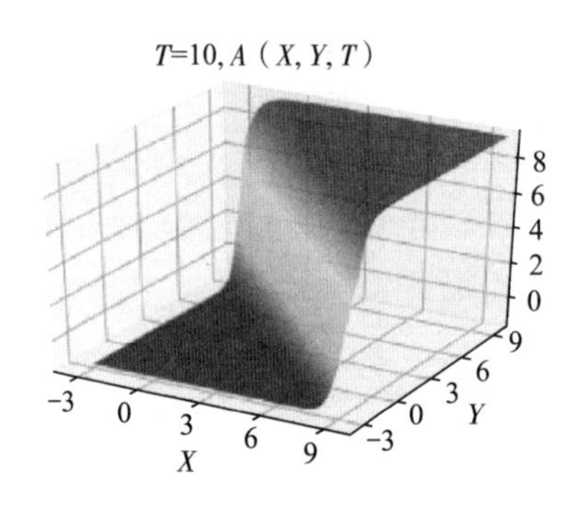

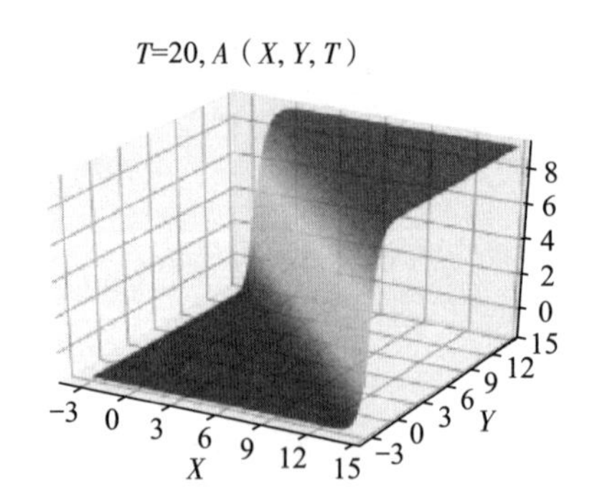

图 2.3 解 (2-78) 的演化

$\left(\text{参数 } k=l=1,\ e_1=1,\ e_2=-\frac{1}{4},\ e_3=2,\ e_4=\frac{1}{16},\ e_5=\frac{1}{16}\right)$

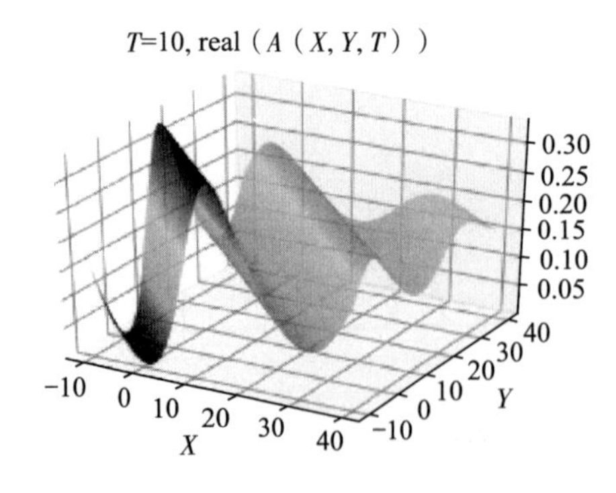

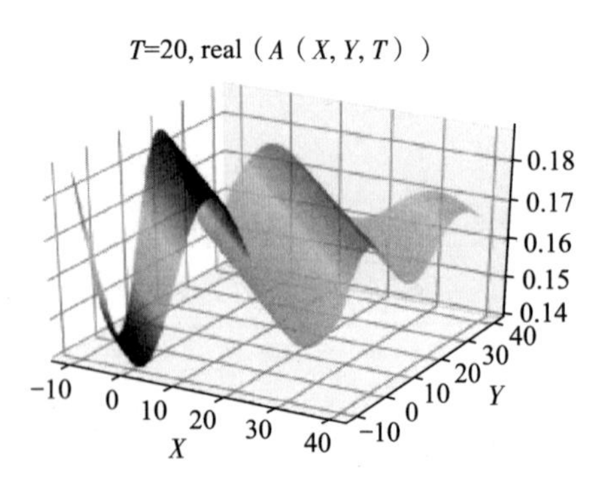

图 2.4 解 (2-79) 实部的演化

$\left(\text{参数 } k=l=1,\ e_1=1,\ e_2=-\frac{1}{2},\ e_3=\frac{3}{2},\ e_4=\frac{1}{2},\ e_5=1\right)$

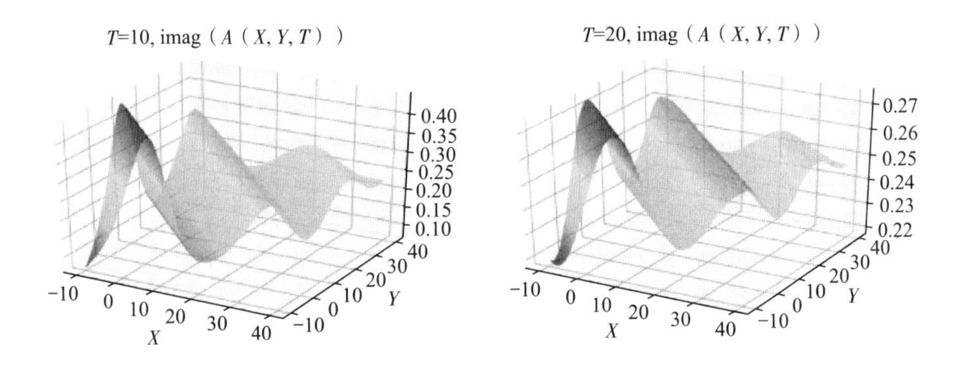

图 2.5　解（2-79）虚部的演化

$\left(\text{参数 } k=l=1,\ e_1=1,\ e_2=-\frac{1}{2},\ e_3=\frac{3}{2},\ e_4=\frac{1}{2},\ e_5=1\right)$

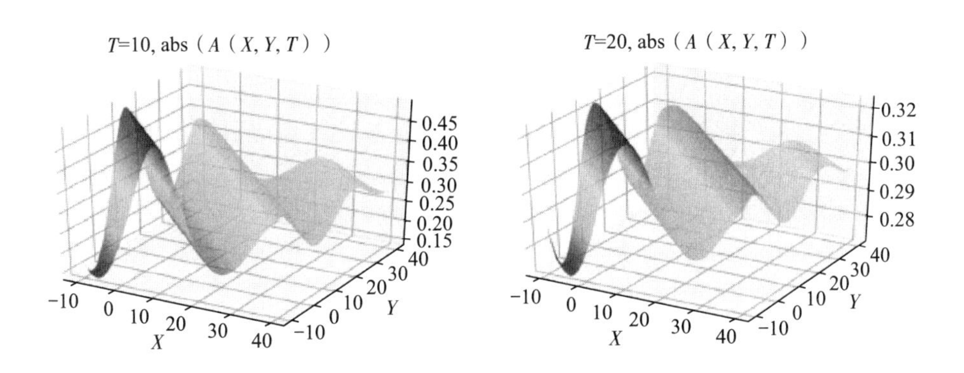

图 2.6　解（2-79）模的演化

$\left(\text{参数 } k=l=1,\ e_1=1,\ e_2=-\frac{1}{2},\ e_3=\frac{3}{2},\ e_4=\frac{1}{2},\ e_5=1\right)$

2.3.3　模型解释及演化机制分析

本节获得了一个新（2+1）维耗散 Boussinesq 方程模型。利用正交模方法分析了新模型刻画的线性 Rossby 孤立波的频散关系。模型的求解结果表明，beta 效应和基本剪切流对高维 Rossby 孤立波不仅具有非线性效应，而且具有耗散效应。

2.4 小结

本章介绍了正压流体中非线性 Rossby 孤立波演化（2+1）维模型，它是（1+1）维模型的推广。新的推广（2+1）维非线性 mKdV-Burgers 方程和（2+1）维耗散 Boussinesq 方程，能够刻画非线性 Rossby 孤立波在平面上的传播，反映真实大气和海洋中波动传播的演化过程。理论分析结果表明，推广 beta 效应、基本剪切流和基本地形是 Rossby 孤立波形成的必要因素，具有非线性作用。另外，新（2+1）维 Boussinesq 方程的理论分析表明，beta 效应和基本剪切流对高维线性 Rossby 孤立波具有耗散效应。本章内容是对已有相关结果的补充和推广，对大气和海洋非线性波动力学理论方面的发展具有一定价值，能够为非线性孤立波理论起到补充作用。

第❸章

层结流体中非线性 Rossby 孤立波理论模型及演化机制分析

3.1 引言

本书前面两章考虑了正压流体中非线性 Rossby 孤立波模型及演化机制。在真实的大气和海洋运动中，流体的密度分层（层结效应）使 Rossby 孤立波演化问题研究更为复杂和困难。但是，层结流体更接近真实流体，研究层结流体中非线性 Rossby 孤立波演化的动力学模型具有重要的实际意义，能够更好地解释大气和海洋运动中一些大尺度非线性波的波动机制。在层结流体中，一些学者从准地转位涡方程出发，考虑推广 beta 效应、层结效应、耗散、地形效应和外源等作用下的非线性 Rossby 孤立波模型，分析了影响 Rossby 孤立波演化和发展的重要因素。吕克利等推导了强迫 mKdV-Burgers 方程。刘全生等从大气基本方程组出发，采用半地转近似方法，推导了 beta 效应和层结效应作用下 Rossby 孤立波满足的 KdV 方程和 mKdV 方程。杨红卫等推导了 ZK-BO 方程。赵宝俊等推导了 ZK-mZK 方程，考虑了完整 Coriolis 力的影响。相对于正压流体而言，层结流体中非线性 Rossby 孤立波模型研究较少。

本章在推广 beta 平面近似下，基于准地转斜压位涡方程以及时空多尺度变换和摄动展开法，介绍耗散和地形作用下的强迫（1+1）维 Boussinesq 模型以及耗散和时空缓变地形作用下的强迫（2+1）维 ZK-Burgers 模型。同时，对理论模型进行求解，分析耗散和地形作用对 Rossby 孤立波演化的影响。

层结流体中，含有地形和热外源的无量纲准地转位涡方程如下：

$$\left(\frac{\partial}{\partial t}+\frac{\partial\psi}{\partial x}\frac{\partial}{\partial y}-\frac{\partial\psi}{\partial y}\frac{\partial}{\partial x}\right)\left[\nabla^2\psi+\beta(y)y+\frac{f}{\rho_s}\frac{\partial}{\partial z}\left(\frac{\rho_s}{s}\frac{\partial\psi}{\partial z}\right)\right]=\frac{f}{\rho_s}\frac{\partial}{\partial z}\left(\frac{\rho_s}{s}Q\right) \tag{3-1}$$

其中，f 是 Coriolis 参数，这里为常数；无量纲层结参数 $s=\frac{N^2}{f}$ 和层结密度 ρ_s 是关于垂直方向 z 的函数；N 是 Brunt-Väisälä 频率；$Q=Q(y,\ z)$ 是热外源；其他符号意义与前面相同。

侧边界条件为：

$$\frac{\partial\psi}{\partial x}=0 \quad y=0,\ 1 \tag{3-2}$$

上边界条件为：

$$\rho_s\psi\to0 \quad z\to\infty \tag{3-3}$$

下边界条件考虑含有地形、热外源和湍流加热耗散的控制方程：

$$\left(\frac{\partial}{\partial t}+\frac{\partial\psi}{\partial x}\frac{\partial}{\partial y}-\frac{\partial\psi}{\partial y}\frac{\partial}{\partial x}\right)\frac{\partial\psi}{\partial z}+s\left(\frac{\partial\psi}{\partial x}\frac{\partial h}{\partial y}-\frac{\partial\psi}{\partial y}\frac{\partial h}{\partial x}\right)+\left|\frac{\lambda}{2f}\right|^{\frac{1}{2}}s\nabla^2\psi=Q$$

$$z=0 \tag{3-4}$$

其中，λ 为耗散系数。关于地形函数 h 考虑如下两种情形：

不含时间的地形函数：

$$h=h(x,\ y) \tag{3-5}$$

含有时间变化的地形函数：

$$h=h(x,\ y,\ t) \tag{3-6}$$

3.2 地形和耗散作用下非线性 Rossby 孤立波强迫 Boussinesq 模型

本节介绍在耗散和地形因素共同作用下非线性 Rossby 孤立波演化过程的理论模型和机制分析。

3.2.1 理论模型推导

考虑不含时间的地形函数（3-5）和方程（3-1）及边界条件（3-2）和边界条件（3-3）下的非线 Rossby 孤立波模型。

假设总流函数为：

$$\psi(x, y, z, t)=-\int_0^y[\bar{u}(\omega, z)-c_0+\varepsilon\alpha]d\omega+\psi'(x, y, z, t) \quad (3-7)$$

其中，$\bar{u}(y, z)$ 是基本剪切流函数，其他符号意义与前面相同。

考虑地形的高阶效应，以及与非线性项相平衡，假设：

$$h(x, y)=H_0+\varepsilon^2 h_1(x, y) \quad (3-8)$$

其中，H_0 是常数。为了平衡热外源和基本剪切流引起的耗散、湍流加热耗散和非线性项，假设：

$$\left|\frac{\lambda}{2f}\right|^{\frac{1}{2}}=\varepsilon^{\frac{3}{2}}\mu \quad \frac{\partial}{\partial z}\left(\frac{\rho_s}{s}Q\right)=0 \quad \left|\frac{\lambda}{2f}\right|^{\frac{1}{2}}s\left(\frac{\partial\bar{u}}{\partial y}\right)+Q=0 \quad z=0 \quad (3-9)$$

利用多重尺度法，即 Gardner-Morikawa 变换：

$$X=\varepsilon^{\frac{1}{2}}x \quad T=\varepsilon t \quad y=y \quad z=z \quad (3-10)$$

将方程（3-7）至方程（3-10）代入方程（3-1）至方程（3-4），得到：

$$\left[\varepsilon^{\frac{1}{2}}\frac{\partial}{\partial T}+(\bar{u}-c_0+\varepsilon\alpha)\frac{\partial}{\partial X}+\left(\frac{\partial\psi'}{\partial X}\frac{\partial}{\partial y}-\frac{\partial\psi'}{\partial y}\frac{\partial}{\partial X}\right)\right]\times\left[\varepsilon\frac{\partial^2\psi'}{\partial X^2}+\frac{\partial^2\psi'}{\partial y^2}+\frac{f}{\rho_s}\frac{\partial}{\partial z}\left(\frac{\rho_s}{s}\frac{\partial\psi'}{\partial z}\right)\right]+p(y, z)\frac{\partial\psi'}{\partial X}=0 \quad (3-11)$$

和

$$\left[\varepsilon^{\frac{1}{2}}\frac{\partial}{\partial T}+(\bar{u}-c_0+\varepsilon\alpha)\frac{\partial}{\partial X}+\left(\frac{\partial\psi'}{\partial X}\frac{\partial}{\partial y}-\frac{\partial\psi'}{\partial y}\frac{\partial}{\partial X}\right)\right]\frac{\partial\psi'}{\partial z}-\frac{\partial\psi'}{\partial X}\frac{\partial\bar{u}}{\partial z}+\varepsilon^2 s\frac{\partial\psi'}{\partial X}\frac{\partial h_1}{\partial y}+\varepsilon^2 s\left[(\bar{u}-c_0+\varepsilon\alpha)-\frac{\partial\psi'}{\partial y}\right]\frac{\partial h_1}{\partial X}+\varepsilon^2\mu s\left(\varepsilon\frac{\partial^2\psi'}{\partial X^2}+\frac{\partial^2\psi'}{\partial y^2}\right)=0 \quad z=0 \quad (3-12)$$

以及侧边界条件：

$$\frac{\partial\psi'}{\partial X}=0 \quad y=0, 1 \quad (3-13)$$

$$\rho_s\psi'\to 0 \quad z\to\infty \quad (3-14)$$

其中，$p(y, z)=\frac{d(\beta(y)y)}{dy}-\frac{\partial^2\bar{u}}{\partial y^2}-\frac{f}{\rho_s}\frac{\partial}{\partial z}\left(\frac{\rho_s}{s}\frac{\partial\bar{u}}{\partial z}\right)$。

将扰动流函数 $\psi'(X, y, z, T)$ 作如下小参数展开：

$$\psi'(X, y, z, T)=\varepsilon\psi_0(X, y, z, T)+\varepsilon^{\frac{3}{2}}\psi_1(X, y, z, T)+\varepsilon^2\psi_2(X, y, z, T)+\cdots \tag{3-15}$$

将式（3-15）代入方程（3-11）至方程（3-14），得到 ε 各阶摄动问题：

$$O(\varepsilon^1): \begin{cases} \frac{\partial}{\partial X}\left[\frac{\partial^2\psi_0}{\partial y^2}+\frac{f}{\rho_s}\frac{\partial}{\partial z}\left(\frac{\rho_s}{s}\frac{\partial\psi_0}{\partial z}\right)\right]+\frac{p(y, z)}{\bar{u}-c_0}\frac{\partial\psi_0}{\partial X}=0 \\ \frac{\partial}{\partial X}\left(\frac{\partial\psi_0}{\partial z}\right)-\frac{1}{\bar{u}-c_0}\frac{\partial\psi_0}{\partial X}\frac{\partial\bar{u}}{\partial z}=0, \ z=0 \\ \frac{\partial\psi_0}{\partial X}=0, \ y=0, 1 \\ \rho_s\psi_0\to 0, \ z\to\infty \end{cases} \tag{3-16}$$

其中，$\bar{u}-c_0\neq 0$，假设方程（3-16）有如下形式的分离解：

$$\psi_0(X, y, z, T)=A(X, T)\phi_0(y, z) \tag{3-17}$$

将式（3-17）代入方程（3-16）后变为：

$$\begin{cases} \left[\frac{\partial^2}{\partial y^2}+\frac{f}{\rho_s}\frac{\partial}{\partial z}\left(\frac{\rho_s}{s}\frac{\partial}{\partial z}\right)\right]\phi_0+\frac{p(y, z)}{\bar{u}-c_0}\phi_0=0 \\ \frac{\partial\phi_0}{\partial z}-\frac{1}{\bar{u}-c_0}\frac{\partial\bar{u}}{\partial z}\phi_0=0, \ z=0 \\ \phi_0(y, z)=0, \ y=0, 1 \\ \rho_s\phi_0\to 0, \ z\to\infty \end{cases} \tag{3-18}$$

$$O(\varepsilon^{\frac{3}{2}}): \begin{cases} \frac{\partial}{\partial X}\left[\frac{\partial^2\psi_1}{\partial y^2}+\frac{f}{\rho_s}\frac{\partial}{\partial z}\left(\frac{\rho_s}{s}\frac{\partial\psi_1}{\partial z}\right)\right]+\frac{p(y, z)}{\bar{u}-c_0}\frac{\partial\psi_1}{\partial X}=-\frac{\partial A}{\partial T}\frac{p(y, z)}{(\bar{u}-c_0)^2}\psi_0 \\ \frac{\partial}{\partial X}\left(\frac{\partial\psi_1}{\partial z}\right)-\frac{1}{\bar{u}-c_0}\frac{\partial\psi_1}{\partial X}\frac{\partial\bar{u}}{\partial z}=-\frac{1}{\bar{u}-c_0}\frac{\partial}{\partial T}\left(\frac{\partial\psi_0}{\partial z}\right), \ z=0 \\ \frac{\partial\psi_1}{\partial X}=0, \ y=0, 1 \\ \rho_s\psi_1\to 0, \ z\to\infty \end{cases} \tag{3-19}$$

为了得到强迫 Boussinesq 方程，在不失一般情况下，假设：

$$\frac{\partial\psi_1}{\partial X}=\frac{\partial A}{\partial T}\phi_1(y,\ z) \tag{3-20}$$

将方程（3-20）代入方程（3-19）后变为：

$$\begin{cases}\left[\dfrac{\partial^2}{\partial y^2}+\dfrac{f}{\rho_s}\dfrac{\partial}{\partial z}\left(\dfrac{\rho_s}{s}\dfrac{\partial}{\partial z}\right)\right]\phi_1+\dfrac{p(y,\ z)}{\bar{u}-c_0}\phi_1=-\dfrac{p(y,\ z)}{(\bar{u}-c_0)^2}\phi_0\\ \dfrac{\partial\phi_1}{\partial z}-\dfrac{1}{\bar{u}-c_0}\dfrac{\partial\bar{u}}{\partial z}\phi_1=-\dfrac{1}{\bar{u}-c_0}\dfrac{\partial\bar{u}}{\partial z}\phi_0,\ z=0\\ \phi_1(y,\ z)=0,\ y=0,\ 1\\ \rho_s\phi_1\to 0,\ z\to\infty\end{cases} \tag{3-21}$$

在 $O(\varepsilon^2)$ 方程中，考虑方程的可解条件并且得到 Boussinesq 方程，将前三个方程对 X 求偏导数，变为：

$$O(\varepsilon^2):\begin{cases}\dfrac{\partial^2}{\partial X^2}\left[\dfrac{\partial^2\psi_2}{\partial y^2}+\dfrac{f}{\rho_s}\dfrac{\partial}{\partial z}\left(\dfrac{\rho_s}{s}\dfrac{\partial\psi_2}{\partial z}\right)\right]+\dfrac{p(y,\ z)}{\bar{u}-c_0}\dfrac{\partial^2\psi_2}{\partial X^2}=-\dfrac{1}{\bar{u}-c_0}\dfrac{\partial F}{\partial X}\\ \dfrac{\partial^2}{\partial X^2}\left(\dfrac{\partial\psi_2}{\partial z}\right)-\dfrac{1}{\bar{u}-c_0}\dfrac{\partial^2\psi_2}{\partial X^2}\dfrac{\partial\bar{u}}{\partial z}=-\dfrac{1}{\bar{u}-c_0}\dfrac{\partial D}{\partial X},\ z=0\\ \dfrac{\partial^2\psi_2}{\partial X^2}=0,\ y=0,\ 1\\ \rho_s\psi_2\to 0,\ z\to\infty\end{cases} \tag{3-22}$$

其中，

$$F=\frac{\partial}{\partial T}\left[\frac{\partial^2\psi_1}{\partial y^2}+\frac{f}{\rho_s}\frac{\partial}{\partial z}\left(\frac{\rho_s}{s}\frac{\partial\psi_1}{\partial z}\right)\right]+(\bar{u}-c_0)\frac{\partial}{\partial X}\left(\frac{\partial^2\psi_0}{\partial X^2}\right)+\left[\alpha\frac{\partial}{\partial X}+\left(\frac{\partial\psi_0}{\partial X}\frac{\partial}{\partial y}-\frac{\partial\psi_0}{\partial y}\frac{\partial}{\partial X}\right)\right]\left[\frac{\partial^2\psi_0}{\partial y^2}+\frac{f}{\rho_s}\frac{\partial}{\partial z}\left(\frac{\rho_s}{s}\frac{\partial\psi_0}{\partial z}\right)\right] \tag{3-23}$$

$$D=\frac{\partial}{\partial T}\left(\frac{\partial\psi_1}{\partial z}\right)+\left[\alpha\frac{\partial}{\partial X}+\left(\frac{\partial\psi_0}{\partial X}\frac{\partial}{\partial y}-\frac{\partial\psi_0}{\partial y}\frac{\partial}{\partial X}\right)\right]\frac{\partial\psi_0}{\partial z}+s(\bar{u}-c_0)\frac{\partial H}{\partial X}+\mu s\frac{\partial^2\psi_0}{\partial y^2}\quad z=0 \tag{3-24}$$

将方程（3-22）的第一个方程两边同时乘以 $\rho_s\phi_0$，再利用方程（3-18）和方程（3-21）得：

$$\frac{\partial}{\partial y}\left\{\rho_s\left[\phi_0\frac{\partial}{\partial y}\left(\frac{\partial^2\psi_2}{\partial X^2}\right)-\frac{\partial^2\psi_2}{\partial X^2}\frac{\partial\phi_0}{\partial y}\right]\right\}+f\frac{\partial}{\partial z}\left\{\frac{\rho_s}{s}\left[\psi_0\frac{\partial}{\partial z}\left(\frac{\partial^2\psi_2}{\partial X^2}\right)-\frac{\partial^2\psi_2}{\partial X^2}\frac{\partial\psi_0}{\partial z}\right]\right\}=$$

$$-\left[\frac{\rho_s p(y,z)}{(\bar{u}-c_0)^2}(\phi_0^2-\phi_0\phi_1)\right]\frac{\partial^2 A}{\partial T^2}-\rho_s\phi_0^2\frac{\partial^4 A}{\partial X^4}+\alpha\frac{\rho_s\phi_0^2 p(y,z)}{(\bar{u}-c_0)^2}\frac{\partial^2 A}{\partial X^2}+$$

$$\frac{1}{2}\frac{\rho_s\phi_0^3}{(\bar{u}-c_0)}\frac{\partial}{\partial y}\left(\frac{p(y,z)}{\bar{u}-c_0}\right)\frac{\partial^2 A^2}{\partial X^2} \tag{3-25}$$

将方程（3-22）的第二个方程两边同时乘以$\frac{f\rho_s\phi_0}{s}$，得到：

$$\frac{f\rho_s\phi_0}{s}\left[\frac{\partial}{\partial z}\left(\frac{\partial^2\psi_2}{\partial X^2}\right)-\frac{1}{\bar{u}-c_0}\frac{\partial\bar{u}}{\partial z}\left(\frac{\partial^2\psi_2}{\partial X^2}\right)\right]=-\frac{f\rho_s\phi_0}{s(\bar{u}-c_0)}\frac{\partial\phi_1}{\partial z}\frac{\partial^2 A}{\partial T^2}-\frac{1}{2}\frac{f\rho_s\phi_0}{s(\bar{u}-c_0)}$$

$$\left(\phi_0^2\frac{\partial^2\phi_0}{\partial y\partial z}-\phi_0\frac{\partial\phi_0}{\partial y}\frac{\partial\phi_0}{\partial z}\right)\frac{\partial^2 A^2}{\partial X^2}-\alpha\frac{f\rho_s\phi_0}{s(\bar{u}-c_0)}\frac{\partial\phi_0}{\partial z}\frac{\partial^2 A}{\partial X^2}-f\rho_s\phi_0\frac{\partial^2 H}{\partial X^2}-\lambda\frac{f\rho_s\phi_0}{(\bar{u}-c_0)}\frac{\partial^2\phi_0}{\partial y^2}\frac{\partial A}{\partial X}$$

$$z=0 \tag{3-26}$$

方程（3-25）两边分别对y和z进行积分，方程（3-26）两边分别对y进行积分，并且利用方程（3-16）、方程（3-18）、方程（3-19）、方程（3-21）和方程（3-22）的边界条件，得到下列方程：

$$\frac{\partial^2 A}{\partial T^2}+\alpha_1\frac{\partial^2 A}{\partial X^2}+\alpha_2\frac{\partial^2(A^2)}{\partial X^2}+\alpha_3\frac{\partial^4 A}{\partial X^4}+\mu\alpha_4\frac{\partial A}{\partial X}=G(X) \tag{3-27}$$

其中，

$$\alpha_1=-\frac{\alpha}{\sigma}\int_0^\infty\int_0^1\frac{\rho_s\phi_0^2 p(y,z)}{(\bar{u}-c_0)^2}\mathrm{d}y\mathrm{d}z+\frac{\alpha}{\sigma}\int_0^1\left[\frac{f\rho_s\phi_0}{s(\bar{u}-c_0)}\frac{\partial\phi_0}{\partial z}\right]_{z=0}\mathrm{d}y$$

$$\alpha_2=-\frac{1}{\sigma}\int_0^\infty\int_0^1\frac{\rho_s\phi_0^3}{2(\bar{u}-c_0)}\frac{\partial}{\partial y}\left[\frac{p(y,z)}{\bar{u}-c_0}\right]\mathrm{d}y\mathrm{d}z$$

$$+\frac{1}{\sigma}\int_0^1\left[\frac{f\rho_s}{2s(\bar{u}-c_0)}\left(\phi_0^2\frac{\partial^2\phi_0}{\partial y\partial z}-\phi_0\frac{\partial\phi_0}{\partial y}\frac{\partial\phi_0}{\partial z}\right)\right]_{z=0}\mathrm{d}y$$

$$\alpha_3=\frac{1}{\sigma}\int_0^\infty\int_0^1\rho_s\phi_0^2\mathrm{d}y\mathrm{d}z$$

$$\alpha_4=\frac{1}{\sigma}\int_0^1\left[\frac{f\rho_s\phi_0}{(\bar{u}-c_0)}\frac{\partial^2\phi_0}{\partial y^2}\right]_{z=0}\mathrm{d}y$$

$$G(X) = -\frac{1}{\sigma}\frac{\partial^2}{\partial X^2}\int_0^1 [f\rho_s\phi_0]_{z=0} H(X, y)\,\mathrm{d}y$$

$$\sigma = \int_0^{\infty}\int_0^1 \frac{\rho_s p(y, z)}{(\bar{u} - c_0)^2}(\phi_0^2 - \phi_0\phi_1)\,\mathrm{d}y\mathrm{d}z - \int_0^1 \left[\frac{f\rho_s\phi_0}{s(\bar{u} - c_0)}\frac{\partial\phi_1}{\partial z}\right]_{z=0}\mathrm{d}y$$

这里 ϕ_0、ϕ_1 由本征值方程（3-18）和方程（3-21）确定。方程（3-27）是描述层结流体中耗散和地形共同作用下非线性 Rossby 孤立波演化满足的数学模型，区别于已有文献。当不考虑耗散和地形时，方程（3-27）是标准的 Boussineseq 方程。因此，方程（3-27）被称为强迫非线性 Boussinesq 方程。

3.2.2　模型求解及方法

对于强迫非线性 Boussinesq 方程（3-27），下面将利用修正 Jacobi 椭圆函数展开法和同伦摄动法求解解析解和近似解。

当不考虑地形时［$G(X)=0$］方程（3-27）变为：

$$\frac{\partial^2 A}{\partial T^2}+\alpha_1\frac{\partial^2 A}{\partial X^2}+\alpha_2\frac{\partial^2 (A^2)}{\partial X^2}+\alpha_3\frac{\partial^4 A}{\partial X^4}+\mu\alpha_4\frac{\partial A}{\partial X}=0 \tag{3-28}$$

利用修正 Jacobi 椭圆函数展开法，似于 1.2 节中方程（1-30）至方程（1-32）的求解过程（详见文献［66］），得到方程（3-28）的周期波解和孤立波解分别为：

$$A(X, Y)=\frac{\mu\alpha_4 T^2}{2\alpha_2}-\frac{2\alpha_1 k^2-8\alpha_3(1+m^2)k^4}{4\alpha_2 k^2}+\frac{\mu\alpha_4}{24\alpha_2\alpha_3 m^2 k^4}-\frac{6m^2\alpha_3 k^2}{\alpha_2}\mathrm{sn}^2\left[k\left(X-\frac{1}{2}\mu\alpha_4 T^2\right)\right] \tag{3-29}$$

$$A(X, Y)=\frac{\mu\alpha_4 T^2}{2\alpha_2}-\frac{\alpha_1-8\alpha_3 k^2}{2\alpha_2}+\frac{\mu\alpha_4}{24\alpha_2\alpha_3 k^4}-\frac{6\alpha_3 k^2}{\alpha_2}\mathrm{sech}^2\left[k\left(X-\frac{1}{2}\mu\alpha_4 T^2\right)\right] \tag{3-30}$$

孤立波的波速为：

$$C_s=\mu\alpha_4 T \tag{3-31}$$

孤立波解（3-30）中出现非线性项系数 α_2 和耗散系数 μ，说明推广的

beta 效应、基本剪切流和层结效应都影响 Rossby 孤立波的传播，耗散影响孤立波的振幅和波速。

对于方程（3-27），由于没有解析解，因此利用同伦摄动法寻求它的近似解。

首先，建立同伦映射 $v(\vec{r}, p): \Sigma\times[0, 1]\rightarrow R$，且满足：

$$H(v, p)=(1-p)[L(v)-L(\omega_0)]+p[N(v)-G(\vec{r})]=0 \tag{3-32}$$

其中，$L(v)=\frac{\partial^2 A}{\partial T^2}$，$N(v)=\frac{\partial^2 v}{\partial T^2}+\alpha_1\frac{\partial^2 v}{\partial X^2}+\alpha_2\frac{\partial^2(v^2)}{\partial X^2}+\alpha_3\frac{\partial^4 v}{\partial X^4}+\mu\alpha_4\frac{\partial v}{\partial X}$，$p\in[0, 1]$ 嵌入参数，$\vec{r}=(X, T)\in\Sigma$，ω_0 是初始条件。容易得到：

$$H(v, 0)=H(v, 1)=0 \tag{3-33}$$

将方程（3-32）的解 v 按小参数 p 展开：

$$v=v_0+pv_1+p^2v_2+p^3v_3+\cdots \tag{3-34}$$

由方程（3-33）可知，当 $p=1$ 时，v 就是方程（3-27）的解，再由方程（3-34）可知，通过求解 v_0，v_1，v_2，v_3，…后，得到方程（3-27）的近似解为：

$$A(X, T)=\lim_{p\rightarrow 1}v=v_0+v_1+v_2+\cdots \tag{3-35}$$

令 $\omega_0(X)=\eta\,\mathrm{sech}X$，$\eta$ 是一任意常数。将方程（3-35）代入方程（3-32）得到关于 p 的各阶方程：

$$p^0:\ \frac{\partial^2 v_0}{\partial T^2}=\frac{\partial^2\omega_0}{\partial T^2}$$

$$p^1:\ \frac{\partial^2 v_1}{\partial T^2}=-\left[\frac{\partial^2 v_0}{\partial T^2}+\alpha_1\frac{\partial^2 v_0}{\partial X^2}+2\alpha_2 v_0\frac{\partial^2 v_0}{\partial X^2}+2\alpha_2\frac{\partial v_0}{\partial X}\frac{\partial v_0}{\partial X}+\alpha_3\frac{\partial^4 v_0}{\partial X^4}+\mu\alpha_4\frac{\partial v_0}{\partial X}-G(x)\right]$$

$$p^2:\ \frac{\partial^2 v_2}{\partial T^2}=-\left[\alpha_1\frac{\partial^2 v_1}{\partial X^2}+2\alpha_2\left(v_0\frac{\partial^2 v_1}{\partial X^2}+v_1\frac{\partial^2 v_0}{\partial X^2}\right)+2\alpha_2\left(\frac{\partial v_0}{\partial X}\frac{\partial v_1}{\partial X}+\frac{\partial v_1}{\partial X}\frac{\partial v_0}{\partial X}\right)+\alpha_3\frac{\partial^4 v_1}{\partial X^4}+\mu\alpha_4\frac{\partial v_1}{\partial X}\right] \tag{3-36}$$

…

$$p^i:\ \frac{\partial^2 v_i}{\partial T^2}=-\left[\alpha_1\frac{\partial^2 v_{i-1}}{\partial X^2}+2\alpha_2\sum_{j=0}^{i-1}\left(v_j\frac{\partial^2 v_{i-j-1}}{\partial X^2}\right)+2\alpha_2\sum_{j=0}^{i-1}\left(\frac{\partial v_j}{\partial X}\frac{\partial v_{i-j-1}}{\partial X}\right)+\right.$$

$$\alpha_3\frac{\partial^4 v_{i-1}}{\partial X^4}+\mu\alpha_4\frac{\partial v_{i-1}}{\partial X}\Bigg]$$

…

上述方程利用 Maple 数学软件计算得到：

$$v_0=\eta\operatorname{sech}X$$

$$v_1=\frac{T^2}{2}\Big[G(X)-\eta(\alpha_1+\alpha_3)\operatorname{sech}X-(4\alpha_2\eta-\alpha_4\eta\sinh X)\eta\operatorname{sech}^2X+$$

$$20\eta\left(\frac{\alpha_1}{10}+\alpha_3\right)\operatorname{sech}^3X+6\alpha_2\eta^2\operatorname{sech}^4X-24\alpha_3\eta\operatorname{sech}^5X\Big]$$

$$v_2=\frac{T^4}{24}\Big\{-\alpha_3G^{(4)}(X)-(\alpha_1+2\alpha_2\eta\operatorname{sech}X)G''(X)+(4\alpha_2\eta\sinh X\operatorname{sech}^2X$$

$$-\mu\alpha_4)G'(X)+[\alpha_1^2-2\alpha_2G(X)+2\alpha_1\alpha_3+\alpha_3^2+\alpha_4^2\mu^2]\eta\operatorname{sech}X+$$

$$\left[72\alpha_2\left(\frac{\alpha_1}{3}+\alpha_3\right)\eta-2\alpha_4(\alpha_1+\alpha_3)\mu\sinh X\right]\eta\operatorname{sech}^2X+[4\alpha_2G(X)-$$

$$20\alpha_1^2-364\alpha_1\alpha_3+72\alpha_2^2\eta^2-1640\alpha_3^2-16\alpha_2\alpha_4\eta\mu\sinh X-2\alpha_4^2\mu^2]\eta\operatorname{sech}^3X+$$

$$\left[120\alpha_4\left(\alpha_3+\frac{\alpha_1}{10}\right)\mu\sinh X-2668\alpha_2\left(\alpha_3+\frac{49\alpha_1}{667}\right)\eta\right]\eta\operatorname{sech}^4X+$$

$$(24\alpha_1^2+1680\alpha_1\alpha_3-396\alpha_2^2\eta^2+48\alpha_2\alpha_4\eta\mu\sinh X+23184\alpha_3^2)\eta\operatorname{sech}^5X+$$

$$\left[9248\left(\frac{25\alpha_1}{1156}+\alpha_3\right)\alpha_2\eta-240\alpha_3\alpha_4\mu\sinh X\right]\eta\operatorname{sech}^6X+$$

$$\left[360\alpha_2^2\eta^2-60480\alpha_3\left(\alpha_3+\frac{\alpha_1}{42}\right)\right]\eta\operatorname{sech}^7X-7056\alpha_2\alpha_3\eta\mu\sinh^8X+$$

$$40320\alpha_3^2\eta\operatorname{sech}^9X\Big\}$$

…

连续求解后，将 v_0，v_1，v_2，…代入方程（3-35），可以得到方程（3-27）的近似解。

3.2.3　模型解释及演化机制分析

方程（3-27）是描述层结流体中非线性 Rossby 孤立波演化过程的数学

模型，考虑了耗散和地形因素对孤立波的影响。系数 α_2 由 β、$\bar{u}$、s 和 β_s 等表示，这表明除了推广 beta 效应和基本剪切流以外，层结效应也是导致非线性作用的重要因子。系数 α_1 和 α_3 表示线性 Rossby 波的频散关系，$\mu\alpha_4\dfrac{\partial A}{\partial X}$ 表示由耗散引起的强迫项，$G(X)$ 表示由地形产生的非齐次强迫项。模型理论分析和求解结果表明，推广的 beta 效应、基本流剪切和层结效应都是孤立波形成的必要因素。与正压流体相比，该模型体现了层结效应的重要性。耗散和地形是影响非线性 Rossby 孤立波的外强迫因素，其中耗散影响 Rossby 孤立波的振幅和速度。

3.3 缓变地形和耗散作用下非线性 Rossby 孤立波（2+1）维强迫 ZK-Burgers 模型

本节介绍层结流体中缓变地形和耗散共同影响下，非线性 Rossby 孤立波演化过程的（2+1）维数学模型和机制分析。

3.3.1 理论模型推导

考虑含有时间的地形函数（3-6）和方程（3-1）及边界条件（3-2）和边界条件（3-3）下的（2+1）维非线性 Rossby 孤立波模型。

假设总流函数与方程（3-7）一样，考虑地形随时空的缓慢变化，假设：

$$h(x,\ y,\ t)=h_0(y)+\varepsilon^2 h_1(x,\ t) \tag{3-37}$$

其中，$h_0(y)$ 表示基本地形，$h_1(x,\ t)$ 表示时空缓变地形。为了平衡热外源和基本流剪切引起的耗散、湍流加热耗散和非线性项，假设：

$$\left|\frac{\lambda}{2f}\right|^{\frac{1}{2}}=\varepsilon^2\mu \quad \frac{\partial}{\partial z}\left(\frac{\rho_s}{s}Q\right)=0$$

$$\left|\frac{\lambda}{2f}\right|^{\frac{1}{2}}s\left(\frac{\partial\bar{u}}{\partial y}\right)+Q=0\quad z=0 \tag{3-38}$$

将方程（3-7）、方程（3-37）、方程（3-38）代入方程（3-1）至方程（3-4），得：

$$\left[\frac{\partial}{\partial t}+(\bar{u}-c_0)\frac{\partial}{\partial x}+\varepsilon\left(\frac{\partial\psi'}{\partial x}\frac{\partial}{\partial y}-\frac{\partial\psi'}{\partial y}\frac{\partial}{\partial x}\right)\right]\left[\nabla^2\psi'+\frac{f}{\rho_s}\frac{\partial}{\partial z}\left(\frac{\rho_s}{s}\frac{\partial\psi'}{\partial z}\right)\right]+p(y,\ z)\frac{\partial\psi'}{\partial x}=0 \tag{3-39}$$

$$\left[\frac{\partial}{\partial t}+(\bar{u}-c_0)\frac{\partial}{\partial x}+\varepsilon\left(\frac{\partial\psi'}{\partial x}\frac{\partial}{\partial y}-\frac{\partial\psi'}{\partial y}\frac{\partial}{\partial x}\right)\right]\frac{\partial\psi'}{\partial z}-\frac{\partial\psi'}{\partial x}\frac{\partial\bar{u}}{\partial z}+sh'_0(y)\frac{\partial\psi'}{\partial x}+$$

$$\varepsilon s\left[(\bar{u}-c_0)-\varepsilon\frac{\partial\psi'}{\partial y}\right]\frac{\partial h_1}{\partial x}+\varepsilon^2\mu s\nabla^2\psi'=0\quad z=0 \tag{3-40}$$

$$\frac{\partial\psi'}{\partial x}=0\quad y=0,\ 1 \tag{3-41}$$

$$\rho_s\psi'\to 0\quad z\to\infty \tag{3-42}$$

其中，$p(y,\ z)=\left[\frac{\mathrm{d}}{\mathrm{d}y}(\beta(y)y)-\frac{\partial^2\bar{u}}{\partial y^2}-\frac{f}{\rho_s}\frac{\partial}{\partial z}\left(\frac{\rho_s}{s}\frac{\partial\bar{u}}{\partial z}\right)\right]$。

由于大尺度大气和海洋运动的时空多尺度性，利用多重尺度变换：

$$X=\varepsilon x\quad Y=\varepsilon y\quad T=\varepsilon^2 t\quad z=z \tag{3-43}$$

再利用缓变地形与非线性相平衡，假设：

$$h_1(x,\ t)=\varepsilon^2 H(X,\ T) \tag{3-44}$$

将扰动流函数作如下小参数展开：

$$\psi'(X,\ y,\ Y,\ z,\ T)=\varepsilon\psi_0+\varepsilon^2\psi_1+\varepsilon^3\psi_2+\cdots \tag{3-45}$$

将方程（3-43）至方程（3-45）代入方程（3-39）至方程（3-42），得 ε 各阶摄动方程，类似于第 3.2 节，利用分离变量法，假设：

$$\psi_0=A(X,\ Y,\ T)\phi_0(y,\ z) \tag{3-46}$$

$$\psi_1=\frac{\partial}{\partial Y}A(X,\ Y,\ T)\phi_1(y,\ z) \tag{3-47}$$

将方程（3-46）和方程（3-47）分别代入相应 ε 各阶方程后，得：

$$\begin{cases}(\bar{u}-c_0)\left[\dfrac{\partial^2}{\partial y^2}+\dfrac{f}{\rho_s}\dfrac{\partial}{\partial z}\left(\dfrac{\rho_s}{s}\dfrac{\partial}{\partial z}\right)\right]\phi_0+p(y,\ z)\phi_0=0\\(\bar{u}-c_0)\dfrac{\partial\phi_0}{\partial z}-\left[\dfrac{\partial\bar{u}}{\partial z}-sh'_0(y)\right]\phi_0=0,\ z=0\\\phi_0(y,\ z)=0,\ y=0,\ 1\\\rho_s\phi_0\to0,\ z\to\infty\end{cases}\tag{3-48}$$

$$(\bar{u}-c_0)\left[\frac{\partial^2}{\partial y^2}+\frac{f}{\rho_s}\frac{\partial}{\partial z}\left(\frac{\rho_s}{s}\frac{\partial}{\partial z}\right)\right]\phi_1+p(y,\ z)\phi_1=-2(\bar{u}-c_0)\frac{\partial\phi_0}{\partial y}$$

$$(\bar{u}-c_0)\frac{\partial\phi_1}{\partial z}-\left[\frac{\partial\bar{u}}{\partial z}-sh'_0(y)\right]\phi_1=0\quad z=0$$

$$\phi_1(y,\ z)=0\quad y=0,\ 1$$

$$\rho_s\phi_1\to0\quad z\to\infty\tag{3-49}$$

对于 ε 三阶摄动方程：

$$O(\varepsilon^3):\begin{cases}(\bar{u}-c_0)\dfrac{\partial}{\partial X}\left[\dfrac{\partial^2\psi_2}{\partial y^2}+\dfrac{f}{\rho_s}\dfrac{\partial}{\partial z}\left(\dfrac{\rho_s}{s}\dfrac{\partial\psi_2}{\partial z}\right)\right]+p(y,\ z)\dfrac{\partial\psi_2}{\partial X}=-F\\(\bar{u}-c_0)\dfrac{\partial}{\partial X}\left(\dfrac{\partial\psi_2}{\partial z}\right)-\dfrac{\partial\psi_2}{\partial X}\dfrac{\partial\bar{u}}{\partial z}+sh'_0(y)\dfrac{\partial\psi_2}{\partial X}=-D\quad z=0\\\dfrac{\partial\psi_2}{\partial x}=0\quad y=0,\ 1\\\rho_s\psi_2\to0\quad z\to\infty\end{cases}\tag{3-50}$$

其中，

$$F=\left[\frac{\partial}{\partial T}+\left(\frac{\partial\psi_0}{\partial X}\frac{\partial}{\partial y}-\frac{\partial\psi_0}{\partial y}\frac{\partial}{\partial X}\right)\right]\left[\frac{\partial^2\psi_0}{\partial y^2}+\frac{f}{\rho_s}\frac{\partial}{\partial z}\left(\frac{\rho_s}{s}\frac{\partial\psi_0}{\partial z}\right)\right]+2(\bar{u}-c_0)\frac{\partial}{\partial X}\left(\frac{\partial^2\psi_1}{\partial y\partial Y}\right)+$$
$$(\bar{u}-c_0)\frac{\partial}{\partial X}\left(\frac{\partial^2\psi_0}{\partial X^2}+\frac{\partial^2\psi_0}{\partial Y^2}\right)\tag{3-51}$$

$$D=\frac{\partial}{\partial T}\left(\frac{\partial\psi_0}{\partial z}\right)+\left(\frac{\partial\psi_0}{\partial X}\frac{\partial}{\partial y}-\frac{\partial\psi_0}{\partial y}\frac{\partial}{\partial X}\right)\frac{\partial\psi_0}{\partial z}+s(\bar{u}-c_0)\frac{\partial H}{\partial X}+\mu s\frac{\partial^2\psi_0}{\partial Y^2}\quad z=0\tag{3-52}$$

接下来，类似于第 3.2 节中方程（3-25）和方程（3-26）的变换和求解过程，得到：

$$\frac{\partial A}{\partial T}+\alpha_1 A\frac{\partial A}{\partial X}+\alpha_2\frac{\partial^3 A}{\partial X^3}+\alpha_3\frac{\partial^3 A}{\partial X\partial Y^2}+\eta A=\gamma\frac{\partial H}{\partial X} \tag{3-53}$$

其中，

$$\begin{cases}\alpha_1=\dfrac{1}{\sigma}\displaystyle\int_0^\infty\int_0^1\frac{\rho_s\phi_0^3}{\bar{u}-c_0}\frac{\partial}{\partial y}\left(\frac{p(y,\ z)}{\bar{u}-c_0}\right)\mathrm{d}y\mathrm{d}z\\ \qquad -\dfrac{1}{\sigma}\displaystyle\int_0^1\left[\frac{f}{\bar{u}-c_0}\frac{\rho_s}{s}\left(\phi_0^2\frac{\partial^2\phi_0}{\partial y\partial z}-\phi_0\frac{\partial\phi_0}{\partial y}\frac{\partial\phi_0}{\partial z}\right)\right]_{z=0}\mathrm{d}y\\ \alpha_2=-\dfrac{1}{\sigma}\displaystyle\int_0^\infty\int_0^1\rho_s\phi_0^2\mathrm{d}y\mathrm{d}z\\ \alpha_3=-\dfrac{1}{\sigma}\displaystyle\int_0^\infty\int_0^1\rho_s\left(\phi_0^2+2\phi_0\frac{\partial\phi_1}{\partial y}\right)\mathrm{d}y\mathrm{d}z\\ \eta=\dfrac{\mu}{\sigma}\displaystyle\int_0^1\left[\frac{f\rho_s\phi_0}{\bar{u}-c_0}\frac{\partial^2\phi_0}{\partial y^2}\right]_{z=0}\mathrm{d}y\\ \gamma=\dfrac{f}{\sigma}\displaystyle\int_0^1[\rho_s\phi_0]_{z=0}\mathrm{d}y\\ \sigma=\displaystyle\int_0^\infty\int_0^1\frac{\rho_s\phi_0^2 p(y,\ z)}{(\bar{u}-c_0)^2}\mathrm{d}y\mathrm{d}z-\int_0^1\left[\frac{f\phi_0}{\bar{u}-c_0}\frac{\rho_s}{s}\frac{\partial\phi_0}{\partial z}\right]_{z=0}\mathrm{d}y\end{cases} \tag{3-54}$$

方程（3-53）是一个（2+1）维非线性方程模型，它刻画了层结流体中非线性 Rossby 孤立波在平面上的传播和演化过程。ϕ_0 和 ϕ_1 由本征值方程（3-48）和方程（3-49）确定。当 $\alpha_3=0$ 时，结果与文献［89］一样，说明方程（3-53）是层结流体中已有结果的推广。当 $\eta=0$ 和 $\gamma=0$ 时，方程（3-53）是标准的 ZK 方程。因此，方程（3-53）被称为强迫（2+1）维 ZK-Burgers 方程。

孤立波的质量和能量守恒律：下面通过新模型（3-53）分析 Rossby 孤立波的质量和能量守恒律。假设：

$$\left(A,\ \frac{\partial A}{\partial X},\ \frac{\partial A}{\partial Y},\ \frac{\partial^2 A}{\partial X^2},\ \frac{\partial^2 A}{\partial Y^2},\ \frac{\partial^2 A}{\partial X\partial Y}\right)\to 0(|X|,\ |Y|\to 0) \tag{3-55}$$

方程（3-53）变为：

$$\frac{\partial}{\partial T}A+\frac{\partial}{\partial X}\left(\frac{\alpha_1}{2}A^2+\alpha_2\frac{\partial^2 A}{\partial X^2}+\alpha_3\frac{\partial^2 A}{\partial Y^2}\right)+\eta A=\gamma\frac{\partial H}{\partial X} \tag{3-56}$$

方程（3-56）两边关于 X 和 Y 进行积分，得到孤立波的质量方程：

$$\frac{\partial}{\partial T}\int_{-\infty}^{+\infty}\int_{-\infty}^{+\infty}A\mathrm{d}X\mathrm{d}Y+\eta\int_{-\infty}^{+\infty}\int_{-\infty}^{+\infty}A\mathrm{d}X\mathrm{d}Y=\gamma\int_{-\infty}^{+\infty}\int_{-\infty}^{+\infty}\frac{\partial H}{\partial X}\mathrm{d}X\mathrm{d}Y \tag{3-57}$$

方程（3-53）两边同时乘以 $2A$ 后变为：

$$\frac{\partial}{\partial T}A^2+\frac{\partial}{\partial X}\left[\frac{2\alpha_1}{3}A^3+2\alpha_2 A\frac{\partial^2 A}{\partial X^2}-\alpha_2\left(\frac{\partial A}{\partial X}\right)^2-\alpha_3\left(\frac{\partial A}{\partial Y}\right)^2\right]+2\alpha_3\frac{\partial}{\partial Y}\left(A\frac{\partial^2 A}{\partial X\partial Y}\right)+2\eta A^2=2\gamma A\frac{\partial H}{\partial X} \tag{3-58}$$

方程（3-58）两边关于 X 和 Y 进行积分，得到孤立波的能量方程：

$$\frac{\partial}{\partial T}\int_{-\infty}^{+\infty}\int_{-\infty}^{+\infty}A^2\mathrm{d}X\mathrm{d}Y+2\eta\int_{-\infty}^{+\infty}\int_{-\infty}^{+\infty}A^2\mathrm{d}X\mathrm{d}Y=2\gamma\int_{-\infty}^{+\infty}\int_{-\infty}^{+\infty}A\frac{\partial H}{\partial X}\mathrm{d}X\mathrm{d}Y \tag{3-59}$$

由方程（3-57）和方程（3-59）可知，耗散和缓变地形影响孤立波的质量和能量。当不考虑耗散和缓变地形时，孤立波的质量和能量是守恒的。当$\frac{\partial H}{\partial X}=0$ 和 $\eta\neq 0$ 时，方程（3-57）和方程（3-59）变为：

$$\int_{-\infty}^{+\infty}\int_{-\infty}^{+\infty}A\mathrm{d}X\mathrm{d}Y=\exp(-\eta T)\int_{-\infty}^{+\infty}\int_{-\infty}^{+\infty}A(X,\ Y,\ 0)\mathrm{d}X\mathrm{d}Y \tag{3-60}$$

$$\int_{-\infty}^{+\infty}\int_{-\infty}^{+\infty}A^2\mathrm{d}X\mathrm{d}Y=\exp(-2\eta T)\int_{-\infty}^{+\infty}\int_{-\infty}^{+\infty}A^2(X,\ Y,\ 0)\mathrm{d}X\mathrm{d}Y \tag{3-61}$$

由方程（3-60）和方程（3-61）可知，孤立波的质量和能量随时间的增加而呈指数递减。这里只考虑 $\eta>0$ 的情形，对于 $\eta<0$ 的情况，由于扰动引起不稳定性，故不予考虑。

3.3.2 模型求解及方法

下面通过对方程（3-53）进行求解，进一步说明耗散和缓变地形对 Rossby 孤立波的影响，解释孤立波演化过程的物理机制。

在无耗散和缓变地形的情形下（$\eta=\gamma=0$），利用最简方程法，求解方程（5-53）的单孤立波解。此时，方程（3-53）变为：

$$\frac{\partial A}{\partial T}+\alpha_1 A\frac{\partial A}{\partial X}+\alpha_2\frac{\partial^3 A}{\partial X^3}+\alpha_3\frac{\partial^3 A}{\partial X\partial Y^2}=0 \tag{3-62}$$

对方程（3-62）作行波变换，类似于方程（2-53），得到：

$$-\omega A+\frac{\alpha_1 k}{2}A^2+(\alpha_2 k^3+\alpha_3 kl^2)\frac{\mathrm{d}^2 A}{\mathrm{d}\xi^2}=0 \tag{3-63}$$

假设：

$$A(\xi)=\sum_{j=0}^{M}a_j B^j \tag{3-64}$$

其中，$B=B(\xi)=\dfrac{a\mathrm{e}^{a\xi}}{1-b\mathrm{e}^{a\xi}}$，是 Bernoulli 方程 $B_\xi=aB+bB^2$（称为最简方程）的解，a 和 b 是任意常数。

平衡方程（3-63）的最高阶非线性项和最高阶导数项，取 $M=2$。将（3-64）代入方程（3-63）求解后，得到：

$$A(X,\ Y,\ T)=-\frac{12ab(\alpha_2 k^2+\alpha_3 l^2)}{\alpha_1}\frac{a\mathrm{e}^{a(kX+lY-\omega T)}}{1-b\mathrm{e}^{a(kX+lY-\omega T)}}-\frac{12b^2(\alpha_2 k^2+\alpha_3 l^2)}{\alpha_1}\left(\frac{a\mathrm{e}^{a(kX+lY-\omega T)}}{1-b\mathrm{e}^{a(kX+lY-\omega T)}}\right)^2 \tag{3-65}$$

其中，$\omega=a^2(\alpha_2 k^2+\alpha_3 l^2)$。

$$A(X,\ Y,\ T)=\frac{2\omega}{\alpha_1 k}-\frac{12ab(\alpha_2 k^2+\alpha_3 l^2)}{\alpha_1}\frac{a\mathrm{e}^{a(kX+lY-\omega T)}}{1-b\mathrm{e}^{a(kX+lY-\omega T)}}-\frac{12b^2(\alpha_2 k^2+\alpha_3 l^2)}{\alpha_1}\left(\frac{a\mathrm{e}^{a(kX+lY-\omega T)}}{1-b\mathrm{e}^{a(kX+lY-\omega T)}}\right)^2 \tag{3-66}$$

其中，$\omega=-a^2(\alpha_2 k^2+\alpha_3 l^2)$。当 $b<0$ 时，方程（3-65）和方程（3-66）是孤立波解。

由图 3.1 可以看出，在无耗散和缓变地形的情形下，孤立波的波形不随时间发生变化。方程（3-65）和方程（3-66）是经典的钟形孤立波解。

对于方程（3-53），由于没有解析解，下面将利用一种新的修正拟设方法，求解它的渐近孤立波解。

首先，在含有耗散而无缓变地形的情形下，方程（3-53）改写为：

$$\frac{\partial A}{\partial T}+\alpha_1 A\frac{\partial A}{\partial X}+\alpha_2\frac{\partial^3 A}{\partial X^3}+\alpha_3\frac{\partial^3 A}{\partial X\partial Y^2}+\eta A=0 \tag{3-67}$$

考虑小耗散的情形，即 $\eta\ll 1$，假设：

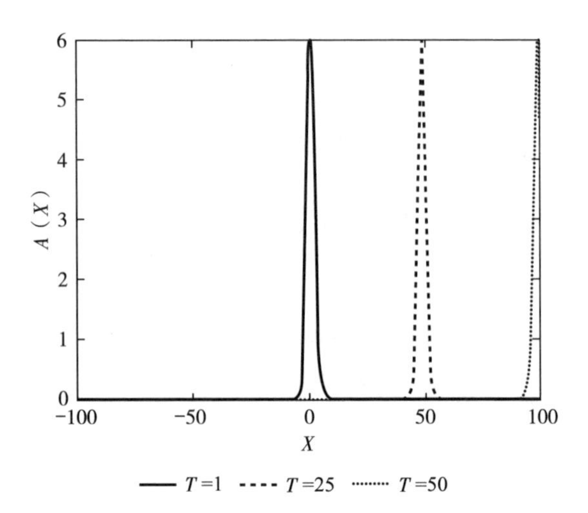

图 3.1 方程（3−65）表示孤立波解

$\left(\text{参数 } a=k=l=Y=1,\ b=-1,\ \alpha_1=1,\ \alpha_2=\frac{1}{2} \text{和 } \alpha_3=\frac{3}{2}\right)$

$$A(X,\ Y,\ T)=A_0\text{sech}^p\theta \tag{3-68}$$

其中，$A_0=A_0(T)$，$\theta=k(T)[(X+Y)-v(T)]$，p 是一个待定整数。将方程（3−68）代入方程（3−67），得：

$$\begin{aligned}&\frac{\mathrm{d}A_0}{\mathrm{d}T}\text{sech}^p\theta-pA_0\text{sech}^p\theta\tanh\theta\left[\frac{\mathrm{d}k}{\mathrm{d}T}(X+Y-v)-k\frac{\mathrm{d}v}{\mathrm{d}T}\right]-\\&\quad\alpha_1pA_0^2k\text{sech}^{2p}\theta\tanh\theta-\alpha_2p^3A_0k^3\text{sech}^p\theta\tanh\theta-\\&\quad\alpha_2p(p+1)(p+2)A_0k^3\text{sech}^{p+2}\theta\tanh\theta-\alpha_3p^3A_0k^3\text{sech}^p\theta\tanh\theta-\\&\quad\alpha_3p(p+1)(p+2)A_0k^3\text{sech}^{p+2}\theta\tanh\theta+\eta A_0\text{sech}^p\theta=0\end{aligned} \tag{3-69}$$

通过比较方程（3−69）中 $\text{sech}^{2p}\theta$ 和 $\text{sech}^{p+2}\theta$ 的幂次，可以得到：

$$p=2 \tag{3-70}$$

将 $\text{sech}^p\theta$、$\text{sech}^p\theta\tanh\theta$ 和 $\text{sech}^{2p}\theta\tanh\theta$ 的系数项取零，得到：

$$\frac{\mathrm{d}A_0}{\mathrm{d}T}+\eta A_0=0 \tag{3-71}$$

$$-pA_0\left[\frac{\mathrm{d}k}{\mathrm{d}T}(X+Y-v)-k\frac{\mathrm{d}v}{\mathrm{d}T}\right]-\alpha_2p^3A_0k^3-\alpha_3p^3A_0k^3=0 \tag{3-72}$$

$$-\alpha_1 pA_0^2k+\alpha_2p(p+1)(p+2)A_0k^3+\alpha_3p(p+1)(p+2)A_0k^3=0 \tag{3-73}$$

由方程（3-71）和方程（3-73），得到：

$$A_0(T)=\overline{A_0}e^{-\eta T} \quad k(T)=\left[\frac{\alpha_1\overline{A_0}}{12(\alpha_2+\alpha_3)}\right]^{\frac{1}{2}}e^{-\frac{\eta}{2}T} \tag{3-74}$$

其中，$\overline{A_0}=A_0(T=0)=\frac{3c}{\alpha_1}$。将方程（3-74）代入方程（3-72）得：

$$-\frac{\eta}{2}(X+Y-v)-\frac{dv}{dT}+\frac{\alpha_1\overline{A_0}}{3}e^{-\eta T}=0 \tag{3-75}$$

由于 $\eta\ll1$，$-\frac{\eta}{2}(X+Y-v)$可以忽略。因此，

$$v\approx\int_0^T\frac{\alpha_1\overline{A_0}}{3}e^{-\eta T}dT \tag{3-76}$$

联立方程（3-68）、方程（3-74）和方程（3-76），得到方程（3-67）的渐近孤立波解为：

$$A(X,\ Y,\ T)\approx\overline{A_0}e^{-\eta T}\text{sech}^2\left\{\left[\frac{\alpha_1\overline{A_0}}{12(\alpha_2+\alpha_3)}\right]^{\frac{1}{2}}\cdot e^{-\frac{\eta}{2}T}\left(X+Y-\int_0^T\frac{\alpha_1\overline{A_0}}{3}e^{-\eta T}dT\right)\right\} \tag{3-77}$$

孤立波的速度和宽度分别为：

$$C_s=\frac{\alpha_1\overline{A_0}}{3}e^{-\eta T} \quad W_s=\left[\frac{12(\alpha_2+\alpha_3)}{\alpha_1}\right]^{\frac{1}{2}}\overline{A_0}^{-\frac{1}{2}}e^{\frac{\eta}{2}T} \tag{3-78}$$

其次，考虑在含有耗散和缓变地形强迫的情况下，方程（3-53）的渐近孤立波解。考虑到大尺度大气和海洋运动的实际情况，缓变地形 $H(X, T)$ 随时间 T 的变化远比沿径向 X 的变化小。为了使计算简化，并能说明缓变地形对 Rossby 孤立波在平面上传播的影响，假设：

$$\frac{\partial H(X,\ T)}{\partial X}=\delta_0 \tag{3-79}$$

这里 $\delta_0\ll1$，是小参数，表示地形沿径向变化的缓慢程度。有时称满足方程（3-79）的地形为线性地形。

于是，作变换：

$$A(X,\ Y,\ T)=B(X,\ Y,\ T)+\frac{\gamma\delta_0}{\eta} \tag{3-80}$$

将方程（3-79）和方程（3-80）代入方程（3-53）得到：

$$\frac{\partial B}{\partial T}+\alpha_1 B\frac{\partial B}{\partial X}+\alpha_1\frac{\gamma\delta_0}{\eta}\frac{\partial B}{\partial X}+\alpha_2\frac{\partial^3 B}{\partial X^3}+\alpha_3\frac{\partial^3 B}{\partial X\partial Y^2}+\eta B=0 \tag{3-81}$$

进一步作变换：

$$T'=T\quad X'=X-\alpha_1\frac{\gamma\delta_0}{\eta}T\quad Y'=Y \tag{3-82}$$

将其代入方程（3-81）并略去撇号，方程（3-81）重新被写为：

$$\frac{\partial B}{\partial T}+\alpha_1 B\frac{\partial B}{\partial X}+\alpha_2\frac{\partial^3 B}{\partial X^3}+\alpha_3\frac{\partial^3 B}{\partial X\partial Y^2}+\eta B=0 \tag{3-83}$$

可以发现，方程（3-83）和方程（3-67）在形式上完全一样。因此，联立方程（3-77）、方程（3-80）和方程（3-82），得到方程（3-53）在缓变线性地形下的渐近孤立波解为：

$$A(X,\ Y,\ T)\approx\frac{\gamma\delta_0}{\eta}+\overline{A_0}e^{-\eta T}\mathrm{sech}^2\left\{\left[\frac{\alpha_1\overline{A_0}}{12(\alpha_2+\alpha_3)}\right]^{\frac{1}{2}}e^{-\frac{\eta}{2}T}\left(X+Y-\frac{\alpha_1\gamma\delta_0}{\eta}T-\int_0^T\frac{\alpha_1\overline{A_0}}{3}e^{-\eta T}\mathrm{d}T\right)\right\} \tag{3-84}$$

孤立波速度为：

$$C_s=\frac{\alpha_1\overline{A_0}}{3}e^{-\eta T}+\frac{\alpha_1\gamma\delta_0}{\eta} \tag{3-85}$$

由方程（3-77）、方程（3-78）、方程（3-84）和方程（3-85）可知，耗散影响孤立波的振幅、速度和宽度，而缓变地形影响孤立波的速度。

由图 3.2 可以看出，当时间 $T=1$ 和 $T=3$ 时，缓变地形对孤立波振幅的影响较弱；但当时间 $T=5$ 时，该影响增大。这与真实大气和海洋中 Rossby 波在平面上传播的现象一致。

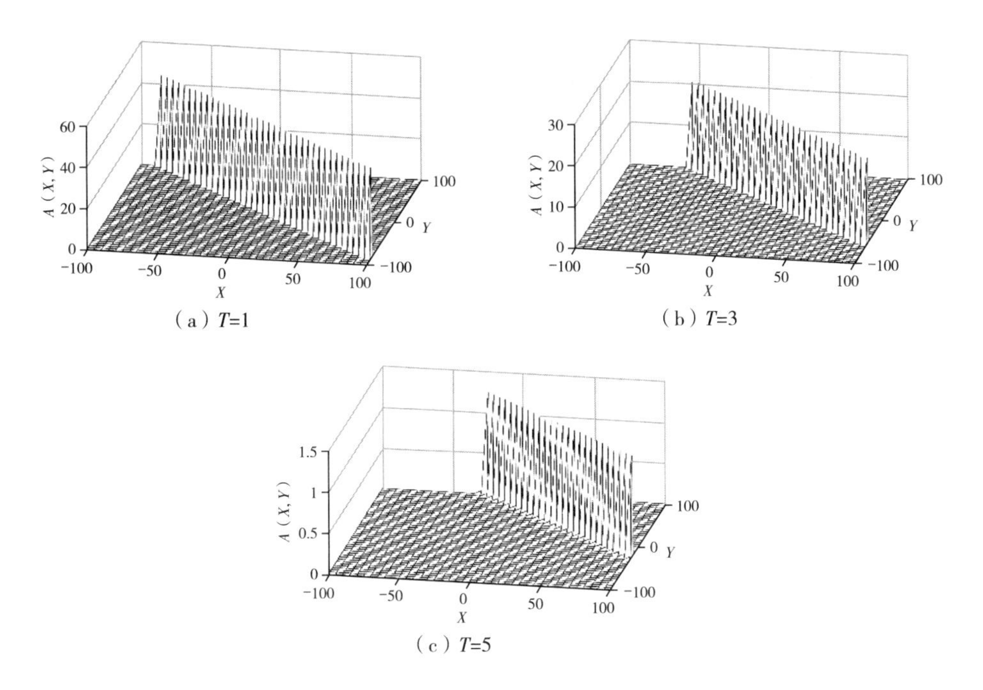

图 3.2 渐近孤立波解（3−84）随时间的演化

$\left(\text{参数 } \eta=0.01,\ \delta_0=0.01,\ \gamma=1,\ \alpha_1=1,\ \alpha_2=\frac{1}{2} \text{和 } \alpha_3=\frac{3}{2}\right)$

3.3.3 模型解释及演化机制分析

本节介绍了一个新强迫（2+1）维 ZK−Burgers 模型（3−53），它能够刻画层结流体中非线性 Rossby 孤立波在平面上的演化，该模型也是层结流体中考虑耗散和缓变地形作用下首次建立的高维模型。由本征值方程可知，系数 α_1 揭示了 Rossby 孤立波生成和演化过程中受到多物理因素的影响，包括推广 beta 效应 $\beta(y)$、层结效应 s、基本剪切流 $\bar{u}$ 和基本地形 $h_0(y)$。结合本征值方程（3−48）和方程（3−49），理论分析得到当 $\bar{u}=0$ 时、p_s 和 s 是常数，只要 $\beta(y)$ 和基本地形 $h_0(y)$ 存在，则 $\alpha_1\neq0$，这表明推广 beta 效应和基本地形是 Rossby 波非线性形成的两个必要因素，具有等效性，这与第 1.3 节中的结果一样。因此，无论在正压流体中还是层结流体中，基本地形的非线性效应是非常重要的，它对 Rossby 孤立波的影响是不能忽视的。系

数 α_2 和 α_3 表示高维线性 Rossby 孤立波频散关系，ηA 表示耗散项，$\gamma\frac{\partial H}{\partial X}$表示由缓变地形产生的外强迫项，耗散和时空缓变地形是对 Rossby 孤立波有外强迫作用。结合守恒律和求解结果分析可知，它们对孤立波的振幅、速度、宽度有影响。

3.4 小结

本章介绍了层结流体中非线性 Rossby 波在耗散和地形因素共同作用下（1+1）维和（2+1）维模型。在推广 beta 平面近似下，从包含耗散、地形和外源的准地转位涡方程出发，利用时空多重尺度变换法和摄动展开法，获得了强迫 Boussinesq 方程和强迫（2+1）维 ZK-Burgers 方程。通过理论模型分析了层结流体中非线性 Rossby 孤立波生成和演化的影响因素，得到除推广 beta 效应和基本剪切流因素外，层结效应和基本地形也是非线性孤立波形成的主要因素，且基本地形和推广 beta 效应具有等效性这一结论，与正压流体中的已有结果一致。另外，与正压流体不同的是，本章理论模型体现了流体密度的层结效应。模型求解结果表明：耗散对 Rossby 孤立波的振幅、速度、宽度有不同程度的影响。时空缓变地形对 Rossby 孤立波的速度影响较大，而对振幅影响较小，但随时间增加影响越发明显，这与正压流体中时间缓变地形影响不同。由模型和求解结果可知，层结流体中非线性 Rossby 孤立波演化机制要比正压流体复杂，这与真实大气和海洋波动的复杂性相符合。研究结果对大气和海洋中非线性波动具有重要理论意义和实际参考价值，特别是地形对 Rossby 孤立波的作用。

第4章 两层流体中非线性 Rossby 孤立波耦合理论模型及演化机制分析

4.1 引言

本书前三章介绍了在正压流体和层结流体单层模式下非线性 Rossby 孤立波演化的（1+1）维和（2+1）维模型。在大气和海洋运动中，地球重力作用和旋转效应、太阳辐射以及外界环境等因素造成流体密度分布不均匀而产生分层现象。比如，在海洋中会产生界面波、内波、海浪等现象。大气中平流层和对流层之间大气环流等波动现象。

在大气和海洋中，考虑到流体水平运动尺度要比平均深度大得多，人们采用最简单的上下两层不均匀流体运动模式（称为两层斜压模式），通过建立动力学模型来研究具有斜压特性的非线性 Rossby 孤立波的生成和演化机制。1979 年，Hukuda 利用两层斜压模式，研究了恒定的非线性 Rossby 孤立波模型，指出垂直切变和 Froude 数对 Rossby 孤立波的影响。Pedlosky 等通过两层斜压模式，研究了 beta 效应、基本气流、地形、耗散等因素作用下的斜压不稳定性，取得了一系列成果。1991 年，吕克利在 Hukuda 两层模式的基础上，研究 N 层斜压模式下基本气流的水平和垂直切变对恒定的 Rossby 孤立波的影响。1994 年，利用多重尺度法，谭本馗等推导了两个边缘不稳定斜压 Rossby 波包满足的耦合非线性 Schrödinger 方程，并研究了孤立子之间的碰撞。Gottwald 和 Grimshaw 利用包含地形和耗散的准地转两层斜压模式推导了耦合非线性 KdV 方程，应用渐近摄动理论和数值模拟方法研究了地形对大气的阻塞和斜压不稳定性。1997 年，陶建军考虑了无热源和耗散情形下的波—流相互作用。2006 年楼森岳等从两层流体系统出发，利用多重尺度法推导了耦合的非线性 KdV 方程，并对模型在不同情形下求解了行波解和多孤子解，但对 Rossby 孤立波的影响机制没有深入研究。2019 年，付蕾等推导了两层流体中时空分数阶耦合 gZK 模型方程，研究了两层流体中非线性 Rossby 孤立波在二维平面上传播的过程中波—波相互作用。张佳琦等研究了两层斜压流体中正压—斜压 Rossby 波演化的耦合 Boussinesq 方程模型。就目前研究文献资料来看，在两层流体中主要研究了斜压不稳定性，而非线性 Rossby 孤立波耦合模型较少。因此，有必要介绍两层流体中非线性 Rossby 孤立波耦合模型，以及考虑 beta 效应、基本剪切流和 Froude 数对 Rossby 波的影响。

本章运用与前面类似的方法，在两层斜压模式下考虑 beta 效应、基本剪切流和 Froude 数作用下非线性 Rossby 波演化所满足的耦合数学模型，同时考虑地形和耗散强迫因素对孤立波的影响。通过耦合模型和求解结果揭示两层流体中 Rossby 孤立波之间相互作用的影响机制，为解释真实大气和海洋中一些波动现象提供理论依据。

在 beta 平面近似下，包含地形和耗散作用，描述大气和海洋中非线性 Rossby 波的无量纲准地转两层斜压模式（见图 4. 1）。

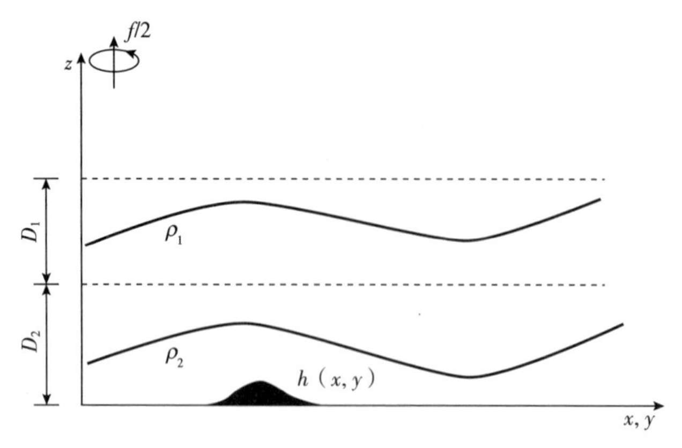

图 4. 1　两层斜压模式示意图

上层流体：

$$\left(\frac{\partial}{\partial t}+\frac{\partial\psi_1}{\partial x}\frac{\partial}{\partial y}-\frac{\partial\psi_1}{\partial y}\frac{\partial}{\partial x}\right)\left[\nabla^2\psi_1+F_1(\psi_1-\psi_2)+\beta y\right]=0 \tag{4-1}$$

下层流体：

$$\left(\frac{\partial}{\partial t}+\frac{\partial\psi_2}{\partial x}\frac{\partial}{\partial y}-\frac{\partial\psi_2}{\partial y}\frac{\partial}{\partial x}\right)\left[\nabla^2\psi_2+F_2(\psi_2-\psi_1)+\beta y+h(x,\ y)\right]=-\frac{\lambda}{2}\nabla^2\psi_2+Q \tag{4-2}$$

其中，ψ_n 是第 n 层流体的总地转流函数。无量纲参数 $F_n=\dfrac{f_0^2L^2}{(g\Delta\rho D_n/\rho)}$ 是内旋转 Froude 数，L 是水平长度特征量，g 是重力加速度，D_n 表示第 n 层流体垂直高度；$\Delta\rho/\rho=\dfrac{\rho_2-\rho_1}{\rho_0}$，$\rho_1$ 和 ρ_2 分别表示上层密度和下层密度，ρ_0 是流体密度特征量；$-\dfrac{\lambda}{2}\nabla^2\psi_2$ 是下层流体由 Ekman 边界层引起的涡度耗散；其他符号意义与前面相同。

边界条件（刚壁）的无量纲形式为：

$$\frac{\partial\psi_n}{\partial x}=0\quad y=0,\ 1 \tag{4-3}$$

这里 $n=1$、2，1 和 2 分别指流体的上层和下层。

4.2　地形和耗散作用下非线性 Rossby 孤立波耦合 mKdV 模型

本节考虑地形和耗散对两层流体中非线性 Rossby 孤立波演化的耦合数学模型，以及考虑 beta 效应和 Froude 数的影响。

4.2.1　理论模型推导

考虑在包含地形和耗散作用的情形下，通过无量纲准地转两层斜压模式（4-1）、模型（4-2）和边界条件（4-3），获得两层流体中非线性 Rossby 孤立波满足的耦合非线性 mKdV 模型。

假设总流函数为：

$$\psi_n(x,\ y,\ t) = -\int_0^y [\bar{u}_n(s)]\,\mathrm{d}s + \psi'_n(x,\ y,\ t) \tag{4-4}$$

其中，$\bar{u}_n(y)$ 是第 n 层基本剪切流函数，ψ'_n 是扰动流函数。

采用 Gardner-Mörikawa 变换：

$$X=\varepsilon(x-ct) \quad y=y \quad T=\varepsilon^3 t \tag{4-5}$$

平衡耗散和非线性项、地形和非线性项，以及消除由基本流剪切引起的耗散，假设：

$$\frac{\lambda}{2}=\varepsilon^{\frac{3}{2}}\mu \quad h(x,\ y)=\varepsilon^3 H(X,\ y) \quad Q(y)=-\frac{\lambda}{2}\frac{\mathrm{d}\bar{u}_2}{\mathrm{d}y} \tag{4-6}$$

将方程（4-4）至方程（4-6）代入方程（4-1）至方程（4-3）得到：

$$\begin{aligned}&\left[\varepsilon^2\frac{\partial}{\partial T}+(\bar{u}_1-c)\frac{\partial}{\partial X}\right]\left[\varepsilon^2\frac{\partial^2\psi'_1}{\partial X^2}+\frac{\partial^2\psi'_1}{\partial y^2}-F_1(\psi'_1-\psi'_2)\right]+\\&\frac{\partial\psi'_1}{\partial X}[\beta-\bar{u}''_1+F_1(\bar{u}_1-\bar{u}_2)]+\left(\frac{\partial\psi'_1}{\partial X}\frac{\partial}{\partial y}-\frac{\partial\psi'_1}{\partial y}\frac{\partial}{\partial X}\right)\times\\&\left[\varepsilon^2\frac{\partial^2\psi'_1}{\partial X^2}+\frac{\partial^2\psi'_1}{\partial y^2}-F_1(\psi'_1-\psi'_2)\right]=0\end{aligned} \tag{4-7}$$

$$\begin{aligned}&\left[\varepsilon^2\frac{\partial}{\partial T}+(\bar{u}_2-c)\frac{\partial}{\partial X}\right]\left[\varepsilon^2\frac{\partial^2\psi'_2}{\partial X^2}+\frac{\partial^2\psi'_2}{\partial y^2}-F_2(\psi'_2-\psi'_1)\right]+\\&\frac{\partial\psi'_2}{\partial X}[\beta-\bar{u}''_2+F_2(\bar{u}_2-\bar{u}_1)]+\left(\frac{\partial\psi'_2}{\partial X}\frac{\partial}{\partial y}-\frac{\partial\psi'_2}{\partial y}\frac{\partial}{\partial X}\right)\times\\&\left[\varepsilon^2\frac{\partial^2\psi'_2}{\partial X^2}+\frac{\partial^2\psi'_2}{\partial y^2}-F_2(\psi'_2-\psi'_1)+\varepsilon^3H(X,\ y)\right]=-\varepsilon^2\mu\left(\varepsilon^2\frac{\partial^2\psi'_2}{\partial X^2}+\frac{\partial^2\psi'_2}{\partial y^2}\right)\end{aligned} \tag{4-8}$$

$$\frac{\partial\psi'_n}{\partial X}=0 \quad y=0,\ 1 \tag{4-9}$$

将扰动流函数 ψ'_n 和速度 c 作如下小参数展开：

$$\psi'_n(X,\ y,\ T)=\varepsilon\psi_n^{(1)}+\varepsilon^2\psi_n^{(2)}+\varepsilon^3\psi_n^{(3)}+\cdots \tag{4-10}$$

$$c=c_0+\varepsilon^2c_1+\varepsilon^4c_2+\cdots \tag{4-11}$$

同时考虑弱 Froude 数：

$$F_n=\varepsilon^2F_n \tag{4-12}$$

将方程（4-10）至方程（4-12）代入方程（4-7）至方程（4-9），得到 ε 各阶摄动方程：

$$O(\varepsilon^1):\begin{cases}\dfrac{\partial}{\partial X}\left(\dfrac{\partial^2\psi_n^{(1)}}{\partial y^2}\right)+\dfrac{\beta-\bar{u}''_n}{\bar{u}_n-c_0}\dfrac{\partial\psi_n^{(1)}}{\partial X}=0\\ \dfrac{\partial\psi_n^{(1)}}{\partial X}=0,\ y=0,\ 1\end{cases} \tag{4-13}$$

其中，$\bar{u}_n-c_0\neq0$。利用变量分离法，假设 $\psi_n^{(1)}(X,\ y,\ T)=A_n(X,\ T)\phi_n^{(1)}(y)$，并将其代入方程（4-13）得到本征值方程：

$$\begin{cases}\left(\dfrac{\mathrm{d}^2}{\mathrm{d}y^2}+\dfrac{\beta-\bar{u}''_n}{\bar{u}_n-c_0}\right)\phi_n^{(1)}=0\\ \phi_n^{(1)}(0)=\phi_n^{(1)}(1)=0\end{cases} \tag{4-14}$$

$$O(\varepsilon^2):\begin{cases}\dfrac{\partial}{\partial X}\left(\dfrac{\partial^2\psi_n^{(2)}}{\partial y^2}\right)+\dfrac{\beta-\bar{u}''_n}{\bar{u}_n-c_0}\dfrac{\partial\psi_n^{(2)}}{\partial X}\\ =-\dfrac{1}{\bar{u}_n-c_0}\left(\dfrac{\partial\psi_n^{(1)}}{\partial X}\dfrac{\partial}{\partial y}-\dfrac{\partial\psi_n^{(1)}}{\partial y}\dfrac{\partial}{\partial X}\right)\left(\dfrac{\partial^2\psi_n^{(1)}}{\partial y^2}\right)\\ \dfrac{\partial\psi_n^{(2)}}{\partial X}=0,\ y=0,\ 1\end{cases} \tag{4-15}$$

为了得到耦合 mKdV 方程，再利用变量分离法，假设 $\psi_n^{(2)}(X,\ y,\ T)=\dfrac{1}{2}A_n^2(X,\ T)\phi_n^{(2)}(y)$，并将其代入方程（4-15）得到另一本征值方程：

$$\begin{cases}\left(\dfrac{\mathrm{d}^2}{\mathrm{d}y^2}+\dfrac{\beta-\bar{u}''_n}{\bar{u}_n-c_0}\right)\phi_n^{(2)}=\dfrac{1}{\bar{u}_n-c_0}\dfrac{\mathrm{d}}{\mathrm{d}y}\left(\dfrac{\beta-\bar{u}''_n}{\bar{u}_n-c_0}\right)(\phi_n^{(1)})^2\\ \phi_n^{(2)}(0)=\phi_n^{(2)}(1)=0\end{cases} \tag{4-16}$$

对于 $O(\varepsilon^3)$：

$$\frac{\partial}{\partial X}\left(\frac{\partial^2\psi_n^{(3)}}{\partial y^2}\right)+\frac{\beta-\bar{u}''_n}{\bar{u}_n-c_0}\frac{\partial\psi_n^{(3)}}{\partial X}=-\frac{1}{\bar{u}_n-c_0}M_n \tag{4-17}$$

其中，

$$M_1=\left[\frac{\partial}{\partial T}-c_1\frac{\partial}{\partial X}+\left(\frac{\partial\psi_1^{(2)}}{\partial X}\frac{\partial}{\partial y}-\frac{\partial\psi_1^{(2)}}{\partial y}\frac{\partial}{\partial X}\right)\right]\left(\frac{\partial^2\psi_1^{(1)}}{\partial y^2}\right)+\left(\frac{\partial\psi_1^{(1)}}{\partial X}\frac{\partial}{\partial y}-\frac{\partial\psi_1^{(1)}}{\partial y}\frac{\partial}{\partial X}\right)\left(\frac{\partial^2\psi_1^{(2)}}{\partial y^2}\right)+\frac{\partial\psi_1^{(1)}}{\partial X}[F_1(\bar{u}_1-\bar{u}_2)]+(\bar{u}_1-c_0)\frac{\partial}{\partial X}\left[\frac{\partial^2\psi_1^{(1)}}{\partial X^2}-F_1(\psi_1^{(1)}-\psi_2^{(1)})\right]\tag{4-18}$$

$$M_2=\left[\frac{\partial}{\partial T}-c_1\frac{\partial}{\partial X}+\left(\frac{\partial\psi_2^{(2)}}{\partial X}\frac{\partial}{\partial y}-\frac{\partial\psi_2^{(2)}}{\partial y}\frac{\partial}{\partial X}\right)\right]\left(\frac{\partial^2\psi_2^{(1)}}{\partial y^2}\right)+\left(\frac{\partial\psi_2^{(1)}}{\partial X}\frac{\partial}{\partial y}-\frac{\partial\psi_2^{(1)}}{\partial y}\frac{\partial}{\partial X}\right)\left(\frac{\partial^2\psi_2^{(2)}}{\partial y^2}\right)+\frac{\partial\psi_2^{(1)}}{\partial X}[F_2(\bar{u}_2-\bar{u}_1)]+(\bar{u}_2-c_0)\frac{\partial}{\partial X}\left[\frac{\partial^2\psi_2^{(1)}}{\partial X^2}-F_2(\psi_2^{(1)}-\psi_1^{(1)})+H(X,\ y)\right]+\mu\frac{\partial^2\psi_2^{(1)}}{\partial y^2}\tag{4-19}$$

对于方程（4-17）和方程（4-18），利用可解条件：

$$\int_0^1\frac{\phi_n^{(1)}}{\bar{u}_n-c_0}M_n\mathrm{d}y=0\tag{4-20}$$

将方程（4-18）和方程（4-19）代入方程（4-20），得到耦合模型：

$$A_{1T}+\alpha_1A_{1X}+b_1A_1^2A_{1X}+e_1A_{1XXX}+\kappa_1A_{2X}=0\tag{4-21}$$

$$A_{2T}+\alpha_2A_{2X}+b_2A_2^2A_{2X}+e_2A_{2XXX}+\kappa_2A_{1X}+\mu A_2=G(X)\tag{4-22}$$

其中，

$$\begin{cases}\alpha_n=\dfrac{1}{I_n}\displaystyle\int_0^1\frac{\phi_n^{(1)}}{\bar{u}_n-c_0}[-c_1\phi_{nyy}^{(1)}-(\bar{u}_n-c_0)F_n\phi_n^{(1)}-(-1)^nF_n(\bar{u}_1-\bar{u}_2)\phi_n^{(1)}]\mathrm{d}y\\ b_n=-\dfrac{1}{I_n}\displaystyle\int_0^1\frac{\phi_n^{(1)}}{\bar{u}_n-c_0}\left(\frac{1}{2}\phi_n^{(1)}\phi_{nyy}^{(2)}-\phi_{ny}^{(1)}\phi_{nyy}^{(2)}+\phi_n^{(2)}\phi_{nyy}^{(1)}-\frac{1}{2}\phi_{ny}^{(2)}\phi_{nyy}^{(1)}\right)\mathrm{d}y\\ e_n=\dfrac{1}{I_n}\displaystyle\int_0^1(\phi_n^{(1)})^2\mathrm{d}y\\ \kappa_n=\dfrac{1}{I_n}\displaystyle\int_0^1F_n\phi_1^{(1)}\phi_2^{(1)}\mathrm{d}y\\ G(X)=-\dfrac{1}{I_2}\displaystyle\int_0^1\phi_2^{(1)}\frac{\partial H}{\partial X}\mathrm{d}y\\ I_n=-\displaystyle\int_0^1\frac{\beta-\bar{u}''_n}{(\bar{u}_n-c_0)^2}(\phi_n^{(1)})^2\mathrm{d}y\end{cases}\tag{4-23}$$

方程（4-21）和方程（4-22）是耦合非线性 mKdV 方程，它是刻画两层流体中 Rossby 孤立波在地形和耗散因素影响下演化的耦合模型。这里 α_1、α_2 是失谐参数（与第 1.2 节意义相同），考虑线性系统是非共振的。系数 b_n 表示非线性项，由本征值方程（4-14）和方程（4-16）可知，它依赖 β、$\bar{u}_n$，这表明 beta 效应、基本剪切流是产生孤立波的重要因素。与文献［113］不同的是本模型考虑了 beta 效应对孤立波的影响。e_1、e_2 是线性频散系数，κ_1、κ_2 表示两层流体中 Rossby 孤立波之间相互作用的耦合系数（属于线性耦合），除了与 beta 效应和基本剪切流有关之外，还与 Froude 数有关。关于非线性耦合将在下一节中考虑。μA_2 表示下层流体由 Ekman 层产生的耗散项，$G(X)$ 表示由底地形产生的强迫项。另外，与已有结果不同，耦合模型是在不同 Froude 数（即 $F_1 \neq F_2$）条件下获得的，并在下文讨论中体现 Froude 数对 Rossby 孤立波的弱效应。

4.2.2　耦合 mKdV 模型线性稳定性分析

在不考虑耗散和地形的情况下，分析耦合方程（4-21）和方程（4-22）的线性稳定性。假设 $A_n = A_{n0}\exp[ik(X-cT)]$，将其分别代入方程（4-21）和方程（4-22）的线性部分，得到关于 c 的二次代数方程：

$$(c-\alpha_1+e_1k^2)(c-\alpha_2+e_2k^2)=\kappa_1\kappa_2 \tag{4-24}$$

解得：

$$c=\frac{1}{2}[-(\alpha_1+\alpha_2)+(e_1+e_2)k^2]\pm\frac{1}{2}\{[(\alpha_1-\alpha_2)-(e_1+e_2)k^2]^2+4\kappa_1\kappa_2\} \tag{4-25}$$

因此，在不考虑耗散和地形的情况下，得到不稳定性判据：

$$[(\alpha_1-\alpha_2)-(e_1+e_2)k^2]^2+4\kappa_1\kappa_2<0 \tag{4-26}$$

考虑到长波极限条件（$k\to 0$），进一步得到：

$$(\alpha_1-\alpha_2)^2<-4\kappa_1\kappa_2 \tag{4-27}$$

因此，得到不稳定性的必要条件是：

$$\kappa_1\kappa_2<0 \tag{4-28}$$

这一结果与文献［112］、［113］相同。由方程（4-23）推出

$(I_1I_2)(\kappa_1\kappa_2)=F_1F_2\left[\int_0^1\phi_1^{(1)}\phi_2^{(1)}\mathrm{d}y\right]^2$，因此，当 $I_1I_2<0$ 时，必有 $\kappa_1\kappa_2<0$，即满足条件（4-28）。从 I_n 的表达式可知，除了基本剪切流外，beta 效应也是导致斜压不稳定性的必要因素，这是由于耦合模型方程（4-21）和方程（4-22）是在强 beta 效应下推导的，进一步说明 beta 效应是稳定性不可忽视的因素。另外，在长波极限条件下，$|\alpha_1-\alpha_2|=|c_1-c_2|$，其中 c_1、c_2 表示非耦合系统下线性 Rossby 波的速度，这表明非耦合系统下线性 Rossby 波的速度差也是斜压不稳定考虑的条件之一，还说明了 α_1、α_2 对线性系统非共振性起到调节作用。

4.2.3 模型求解及方法

首先，在考虑无耗散和地形的情形下，耦合方程（4-21）和方程（4-22）的孤立波解，方程变为：

$$A_{1T}+\alpha_1A_{1X}+b_1A_1^2A_{1X}+e_1A_{1XXX}+\kappa_1A_{2X}=0 \tag{4-29}$$

$$A_{2T}+\alpha_2A_{2X}+b_2A_2^2A_{2X}+e_2A_{2XXX}+\kappa_2A_{1X}=0 \tag{4-30}$$

为了获得解析解，先作行波变换，假设：

$$A_1(X,\ T)=U(\xi),\ A_2(X,\ T)=V(\xi),\ \xi=X-CT \tag{4-31}$$

将方程（4-31）代入相应耦合方程（4-21）和方程（4-22）中，得到：

$$(-C+\alpha_1)U'+b_1U^2U'+e_1U'''+\kappa_1V'=0 \tag{4-32}$$

$$(-C+\alpha_2)V'+b_2V^2V'+e_2V'''+\kappa_2U'=0 \tag{4-33}$$

采用$\left(\frac{G'}{G}\right)$展开法，假设方程（4-32）和方程（4-33）的解分别为如下形式：

$$U(\xi)=\sum_{i=0}^{N}r_i\left(\frac{G'}{G}\right)^i\quad V(\xi)=\sum_{j=0}^{M}s_j\left(\frac{G'}{G}\right)^j \tag{4-34}$$

其中，r_i、s_j 为待定常数，而 $G=G(\xi)$ 满足下列常微分方程：

$$G''+pG'+qG=0 \tag{4-35}$$

其中，p、q 为任意常数。通过平衡方程（4-32）和方程（4-33）最高阶非线性项和最高阶导数项，取 $N=1$、$M=1$，于是将方程（4-34）分别代入相应方程，得到下列两个代数方程组：

$$\begin{cases}-(-C+\alpha_1)qr_1-b_1qr_0^2r_1-e_1q(2qr_1+p^2r_1)-\kappa_1qs_1=0\\-(-C+\alpha_1)pr_1-b_1(2qr_0r_1^2+pr_0^2r_1)-e_1(8pqr_1+p^3r_1)-\kappa_1ps_1=0\\-(-C+\alpha_1)r_1-b_1(qr_1^3+2pr_0r_1^2+r_0^2r_1)-e_1(8qr_1+7p^2r_1)-\kappa_1s_1=0\\-b_1(pr_1^3+2r_0r_1^2)-12e_1pr_1=0\\-b_1r_1^3-6e_1r_1=0\end{cases}\tag{4-36}$$

$$\begin{cases}-(-C+\alpha_2)qs_1-b_2qs_0^2s_1-e_2q(2qs_1+p^2s_1)-\kappa_2qr_1=0\\-(-C+\alpha_2)ps_1-b_2(2qs_0s_1^2+ps_0^2s_1)-e_2(8pqs_1+p^3s_1)-\kappa_2pr_1=0\\-(-C+\alpha_2)s_1-b_2(qs_1^3+2ps_0s_1^2+s_0^2s_1)-e_2(8qs_1+7p^2s_1)-\kappa_2r_1=0\\-b_2(ps_1^3+2s_0s_1^2)-12e_2ps_1=0\\-b_2s_1^3-6e_2s_1=0\end{cases}\tag{4-37}$$

解得上面方程组，得到：

$$\begin{cases}r_0=\dfrac{p}{2}r_1,\ r_1^2=-\dfrac{6e_1}{b_1}\\s_0=\dfrac{p}{2}s_1,\ s_1^2=-\dfrac{6e_2}{b_2}\\C=\dfrac{2b_1b_2(e_1\kappa_2\alpha_1-e_2\kappa_1\alpha_2)+(4q-p^2)(e_1^2\kappa_2b_2-e_2^2\kappa_1b_1)}{2b_1b_2(e_1\kappa_2-e_2\kappa_1)}\end{cases}\tag{4-38}$$

当 $p^2-4q>0$ 时，将方程（4-38）代入方程（4-34）相应的公式，并利用双曲函数定义得到：

$$A_1(X,\ T)=U(\xi)=\pm\alpha\sqrt{-\frac{6e_1}{b_1}}\frac{D_1\sinh(\alpha\xi)+D_2\cosh(\alpha\xi)}{D_1\cosh(\alpha\xi)+D_2\sinh(\alpha\xi)}\tag{4-39}$$

$$A_2(X,\ T)=V(\xi)=\pm\alpha\sqrt{-\frac{6e_2}{b_2}}\frac{D_1\sinh(\alpha\xi)+D_2\cosh(\alpha\xi)}{D_1\cosh(\alpha\xi)+D_2\sinh(\alpha\xi)}\tag{4-40}$$

其中，$\alpha=\dfrac{1}{2}\sqrt{p^2-4q}$，$\xi=X-\dfrac{2b_1b_2(e_1\kappa_2\alpha_1-e_2\kappa_1\alpha_2)-4\alpha^2(e_1^2\kappa_2b_2-e_2^2\kappa_1b_1)}{2b_1b_2(e_1\kappa_2-e_2\kappa_1)}$ T，D_1、D_2 是任意常数。

特别地，当 $D_1\neq0$、$D_2=0$ 和 $D_1=0$、$D_2\neq0$ 时，分别得到：

$$\begin{cases} A_1(X,\ T)=U(\xi)=\pm\alpha\sqrt{-\dfrac{6e_1}{b_1}}\tanh(\alpha\xi) \\ A_2(X,\ T)=V(\xi)=\pm\alpha\sqrt{-\dfrac{6e_2}{b_2}}\tanh(\alpha\xi) \end{cases} \tag{4-41}$$

$$\begin{cases} A_1(X,\ T)=U(\xi)=\pm\alpha\sqrt{-\dfrac{6e_1}{b_1}}\coth(\alpha\xi) \\ A_2(X,\ T)=V(\xi)=\pm\alpha\sqrt{-\dfrac{6e_2}{b_2}}\coth(\alpha\xi) \end{cases} \tag{4-42}$$

对于 $p^2-4q<0$ 的情形，方法类似，这里不再给出。

方程（4-39）至方程（4-42）是耦合方程（4-29）和方程（4-30）的孤立波解（波形呈扭结形）。从解的结果来看，与前面理论分析一致，表明 beta 效应和基本剪切流影响 Rossby 孤立波的振幅、速度。

其次，考虑带有耗散和地形作用下的耦合方程（4-21）和方程（4-22）的近似解。先计算方程（4-23）中系数的近似值。假设基本剪切流函数为：

$$\bar{u}_1(y)=U_0+U_s+\delta y,\ \bar{u}_2(y)=U_0+\delta y \tag{4-43}$$

其中，U_0、U_s 是常数，U_s 表示基本气流的垂直剪切，$\delta\ll1$ 表示基本流弱水平剪切程度的小参数。

下面通过弱非线性分析方法，求解本征值方程（4-14）和方程（4-16）的近似解。假设：

$$\phi_n^{(1)}(y)=\phi_{n0}^{(1)}+\delta\phi_{n1}^{(1)}+\delta^2\phi_{n2}^{(1)}+\cdots \tag{4-44}$$

$$\phi_n^{(2)}(y)=\delta\phi_{n0}^{(2)}+\delta^2\phi_{n1}^{(2)}+\delta^3\phi_{n2}^{(2)}+\cdots \tag{4-45}$$

$$c_0=c_{00}+\delta c_{01}+\delta^2c_{02}+\cdots \tag{4-46}$$

将方程（4-44）和方程（4-46）代入方程（4-14）得到关于 δ 的各阶渐近方程，对于 δ 零阶近似：

$$\begin{cases} \left(\dfrac{\mathrm{d}^2}{\mathrm{d}y^2}+\dfrac{\beta}{U_0+U_s-c_{00}}\right)\phi_{10}^{(1)}=0 \\ \left(\dfrac{\mathrm{d}^2}{\mathrm{d}y^2}+\dfrac{\beta}{U_0-c_{00}}\right)\phi_{20}^{(1)}=0 \\ \phi_{10}^{(1)}(y)=\phi_{20}^{(1)}(y)=0,\ y=0,\ 1 \end{cases} \tag{4-47}$$

解得方程（4-47）得：

$$\begin{cases}\phi_{10}^{(1)}=\sin(m\pi y)\\ \phi_{20}^{(1)}=\sin(l\pi y)\\ c_{00}=U_0+U_s-\dfrac{\beta}{(m\pi)^2}\\ \dfrac{1}{l^2}=\dfrac{1}{m^2}-\dfrac{\pi^2U_s}{\beta}\end{cases}\tag{4-48}$$

对于 δ 一阶近似：

$$\begin{cases}\left(\dfrac{d^2}{dy^2}+\dfrac{\beta}{U_0+U_s-c_{00}}\right)\phi_{11}^{(1)}=-\dfrac{y-c_{01}}{U_0+U_s-c_{00}}\left[\dfrac{d^2}{dy^2}\phi_{10}^{(1)}\right]\\ \left(\dfrac{d^2}{dy^2}+\dfrac{\beta}{U_0-c_{00}}\right)\phi_{21}^{(1)}=-\dfrac{y-c_{01}}{U_0-c_{00}}\left[\dfrac{d^2}{dy^2}\phi_{20}^{(1)}\right]\\ \phi_{11}^{(1)}(y)=\phi_{21}^{(1)}(y)=0,\ y=0,\ 1\end{cases}\tag{4-49}$$

方程（4-49）可解条件：

$$\begin{cases}\displaystyle\int_0^1\frac{-(y-c_{01})}{U_0+U_s-c_{00}}\phi_{10}^{(1)}\left(\frac{d^2}{dy^2}\phi_{10}^{(1)}\right)dy=0\\ \displaystyle\int_0^1\frac{-(y-c_{01})}{U_0-c_{00}}\phi_{20}^{(1)}\left(\frac{d^2}{dy^2}\phi_{20}^{(1)}\right)dy=0\end{cases}\tag{4-50}$$

将方程（4-48）代入方程（4-50），解得 $c_{01}=\dfrac{1}{2}$。

对于方程（4-49），假设：

$$\begin{cases}\phi_{11}^{(1)}=\varphi_1(y)\sin(m\pi y)+\varphi_2(y)\cos(m\pi y)\\ \phi_{21}^{(1)}=\tau_1(y)\sin(l\pi y)+\tau_2(y)\cos(l\pi y)\end{cases}\tag{4-51}$$

将方程（4-51）代入方程（4-49）得：

$$\begin{cases}\varphi_1(y)=\dfrac{(m\pi)^2}{4\beta}\left(y-\dfrac{1}{2}\right),\ \varphi_2(y)=\dfrac{(m\pi)^3}{4\beta}(y-y^2)\\ \tau_1(y)=\dfrac{(l\pi)^2}{4\beta}\left(y-\dfrac{1}{2}\right),\ \tau_2(y)=\dfrac{(l\pi)^3}{4\beta}(y-y^2)\end{cases}\tag{4-52}$$

类似地，将方程（4-45）和方程（4-46）代入方程（4-16）得到关于 δ 的一阶近似：

$$\begin{cases}\left(\dfrac{d^2}{dy^2}+\dfrac{\beta}{U_0+U_s-c_{00}}\right)\phi_{10}^{(2)}=-\beta(\phi_{10}^{(1)})^2\\\left(\dfrac{d^2}{dy^2}+\dfrac{\beta}{U_0-c_{00}}\right)\phi_{20}^{(2)}=-\beta(\phi_{20}^{(1)})^2\\\phi_{10}^{(2)}(y)=\phi_{20}^{(2)}(y)=0,\ y=0,\ 1\end{cases}\tag{4-53}$$

求解方程（4-53）得：

$$\begin{cases}\phi_{10}^{(2)}=\sin(m\pi y)-\dfrac{\beta}{6(m\pi)^2}\cos(2m\pi y)-\dfrac{\beta}{2(m\pi)^2}\\\phi_{20}^{(2)}=\sin(l\pi y)-\dfrac{\beta}{6(l\pi)^2}\cos(2l\pi y)-\dfrac{\beta}{2(l\pi)^2}\end{cases}\tag{4-54}$$

于是，由上述求解可以得到 $\phi_1^{(1)}(y)$、$\phi_2^{(1)}(y)$、$\phi_1^{(2)}(y)$、$\phi_2^{(2)}(y)$ 的渐近解：

$$\begin{cases}\phi_1^{(1)}(y)\approx\phi_{10}^{(1)}+\delta\phi_{11}^{(1)}=\sin(m\pi y)+\delta\dfrac{(m\pi)^2}{4\beta}\left(y-\dfrac{1}{2}\right)\sin(m\pi y)+\\\qquad\delta\dfrac{(m\pi)^3}{4\beta}(y-y^2)\cos(m\pi y)\\\phi_2^{(1)}(y)\approx\phi_{20}^{(1)}+\delta\phi_{21}^{(1)}=\sin(l\pi y)+\delta\dfrac{(l\pi)^2}{4\beta}\left(y-\dfrac{1}{2}\right)\sin(l\pi y)+\\\qquad\delta\dfrac{(l\pi)^3}{4\beta}(y-y^2)\cos(l\pi y)\\\phi_1^{(2)}(y)\approx\delta\phi_{10}^{(2)}=\delta\sin(m\pi y)-\delta\dfrac{\beta}{6(m\pi)^2}\cos(2m\pi y)-\delta\dfrac{\beta}{2(m\pi)^2}\\\phi_2^{(2)}(y)\approx\delta\phi_{20}^{(2)}=\delta\sin(l\pi y)-\delta\dfrac{\beta}{6(l\pi)^2}\cos(2l\pi y)-\delta\dfrac{\beta}{2(l\pi)^2}\\c_0\approx c_{00}+\delta c_{01}=U_0+U_s-\dfrac{\beta}{(m\pi)^2}+\dfrac{1}{2}\delta\end{cases}\tag{4-55}$$

其中，$\dfrac{1}{l^2}=\dfrac{1}{m^2}-\dfrac{\pi^2U_s}{\beta}$。取 $\dfrac{\partial H}{\partial X}=\sin(\pi y)$、$c_1=c_0$，并将其和方程（4-55）代入方程（4-23）后，可以得到耦合方程系数的近似计算。

下面，利用同伦摄动法求近似解。类似于第 3.2 节，建立同伦映射：$\nu(\vec{r},\ p)$ 和 $\upsilon(\vec{r},\ p)$：$\Sigma\times[0,\ 1]\to R$，且满足：

$$H_1(\nu,\ \upsilon,\ p)=(1-p)[L(\nu)-L(\omega_0)]+p[N_1(\nu,\ \upsilon)]=0\tag{4-56}$$

$$H_2(\nu,\ \upsilon,\ p)=(1-p)[L(\nu)-L(\omega_0)]+p[N_2(\nu,\ \upsilon)-G(\vec{r})]=0 \tag{4-57}$$

其中，算子 L、N_1、N_2 定义如下：

$$\begin{cases} L=\dfrac{\partial}{\partial T} \\ N_1(\nu,\ \upsilon)=\dfrac{\partial \upsilon}{\partial T}+\alpha_1\dfrac{\partial \upsilon}{\partial X}+b_1\upsilon^2\dfrac{\partial \upsilon}{\partial X}+e_1\dfrac{\partial^3 \upsilon}{\partial X^3}+\kappa_1\dfrac{\partial \upsilon}{\partial X} \\ N_2(\upsilon,\ \upsilon)=\dfrac{\partial \upsilon}{\partial T}+\alpha_2\dfrac{\partial \upsilon}{\partial X}+b_2\upsilon^2\dfrac{\partial \upsilon}{\partial X}+e_2\dfrac{\partial^3 \upsilon}{\partial X^3}+\mu\upsilon+\kappa_2\dfrac{\partial \upsilon}{\partial X} \end{cases} \tag{4-58}$$

其中，$p\in[0,\ 1]$ 是嵌入参数，$\vec{r}=(X,\ T)\in\Sigma$，ω_0 是初始条件，且

$$H_n(\nu,\ \upsilon,\ 0)=H_n(\nu,\ \upsilon,\ 1)=0 \tag{4-59}$$

将 ν 和 υ 按小参数 p 展开：

$$\nu=\nu_0+p\nu_1+p^2\nu_2+p^3\nu_3+\cdots \tag{4-60}$$

$$\upsilon=\upsilon_0+p\upsilon_1+p^2\upsilon_2+p^3\upsilon_3+\cdots \tag{4-61}$$

注意：当 $p=1$ 时，ν 和 υ 分别是方程（4-21）和方程（4-22）的解。

接下来类似于第 3.2 节，令 $\omega_0(X)=\eta\text{sech}X$，$\eta$ 是一任意常数。将方程（4-60）和方程（4-61）分别代入方程（4-56）和方程（4-57）得到关于 p 的各阶方程：

$$\begin{cases} p^0:\ \dfrac{\partial \nu_0}{\partial T}=\dfrac{\partial \omega_0}{\partial T} \\ p^1:\ \dfrac{\partial \nu_1}{\partial T}=-\left[\dfrac{\partial \nu_0}{\partial T}+\alpha_1\dfrac{\partial \nu_0}{\partial X}+b_1\nu_0^2\dfrac{\partial \nu_0}{\partial X}+e_1\dfrac{\partial^3 \nu_0}{\partial X^3}+\kappa_1\dfrac{\partial \nu_0}{\partial X}\right] \\ p^2:\ \dfrac{\partial \nu_2}{\partial T}=-\left[\alpha_1\dfrac{\partial \nu_1}{\partial X}+b_1\nu_0^2\dfrac{\partial \nu_1}{\partial X}+2b_1\nu_0\nu_1\dfrac{\partial \nu_0}{\partial X}+e_1\dfrac{\partial^3 \nu_1}{\partial X^3}+\kappa_1\dfrac{\partial \nu_1}{\partial X}\right] \\ \cdots \end{cases} \tag{4-62}$$

和

$$\begin{cases} p^0:\ \dfrac{\partial \upsilon_0}{\partial T}=\dfrac{\partial \omega_0}{\partial T} \\ p^1:\ \dfrac{\partial \upsilon_1}{\partial T}=-\left[\dfrac{\partial \upsilon_0}{\partial T}+\alpha_2\dfrac{\partial \upsilon_0}{\partial X}+b_2\upsilon_0^2\dfrac{\partial \upsilon_0}{\partial X}+e_2\dfrac{\partial^3 \upsilon_0}{\partial X^3}+\kappa_2\dfrac{\partial \upsilon_0}{\partial X}-G(X)\right] \\ p^2:\ \dfrac{\partial \upsilon_2}{\partial T}=-\left[\alpha_2\dfrac{\partial \upsilon_1}{\partial X}+b_2\upsilon_0^2\dfrac{\partial \upsilon_1}{\partial X}+2b_2\upsilon_0\upsilon_1\dfrac{\partial \upsilon_0}{\partial X}+e_2\dfrac{\partial^3 \upsilon_1}{\partial X^3}+\kappa_2\dfrac{\partial \upsilon_1}{\partial X}+\mu\upsilon_1\right] \\ \cdots \end{cases} \tag{4-63}$$

借助 Maple 数学软件计算 $\boldsymbol{v}_0$、$\boldsymbol{v}_1$、$\boldsymbol{v}_2$、…和 $\boldsymbol{v}_0$、$\boldsymbol{v}_1$、$\boldsymbol{v}_2$、…后，可以得到相应近似解。为了说明研究问题，选取 $A_1(X, T) \approx \nu_0+\nu_1+\nu_2$、$A_2(X, T) \approx \boldsymbol{v}_0+\boldsymbol{v}_1+\boldsymbol{v}_2$ 进行数值模拟和图形去解释耦合方程（4-21）和方程（4-22）刻画两层流体中非线性 Rossby 孤立波的演化机制。

下面研究在基本剪切流相同的情况下（$U_s=0$），beta 效应和 Froude 数对 Rossby 孤立波的影响。

图 4.2 和图 4.3 是在 Froude 数 $F_1=F_2$ 时，耦合 Rossby 孤立波振幅 A_1（X，T）和 A_2（X，T）在无耗散和地形作用下随时间演化的近似图。由图

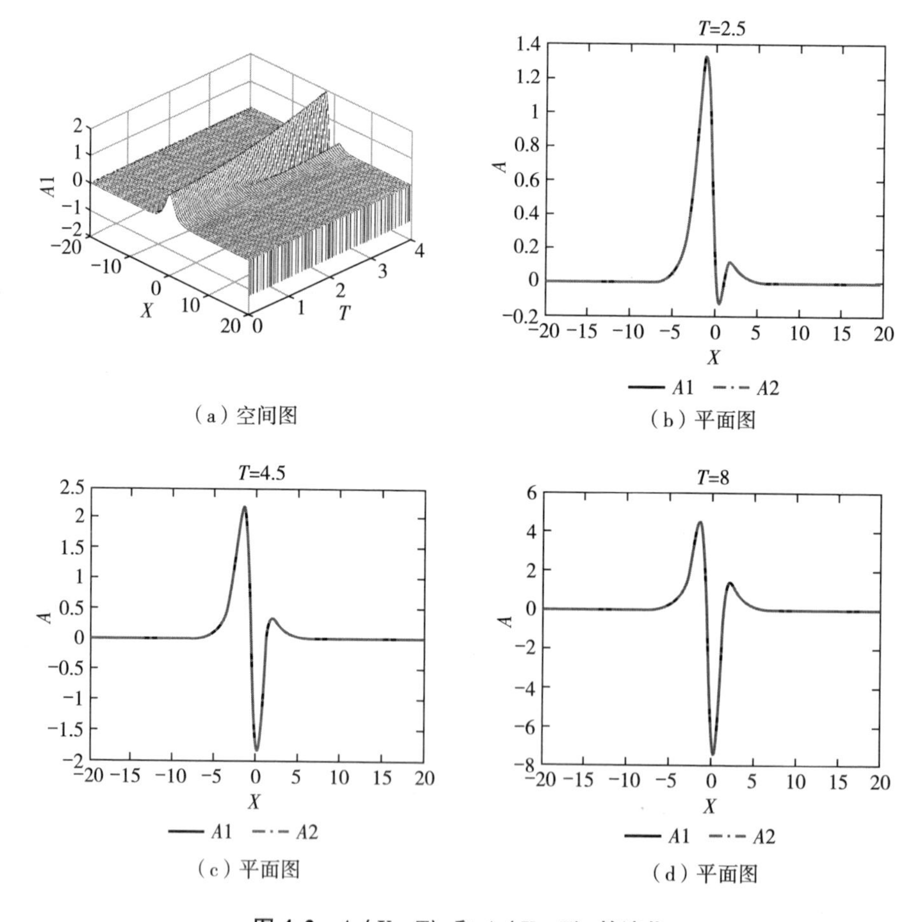

（a）空间图　（b）平面图　（c）平面图　（d）平面图

图 4.2　$A_1(X, T)$ 和 $A_2(X, T)$ 的演化

（A_2 空间图与 A_1 相同，参数 $U_s=0$，$U_1=1$，$\delta=\pi^{-2}$，$F_1=F_2=0.02$，$m=1$，$\mu=0$，$H=0$，$\beta=\pi$）

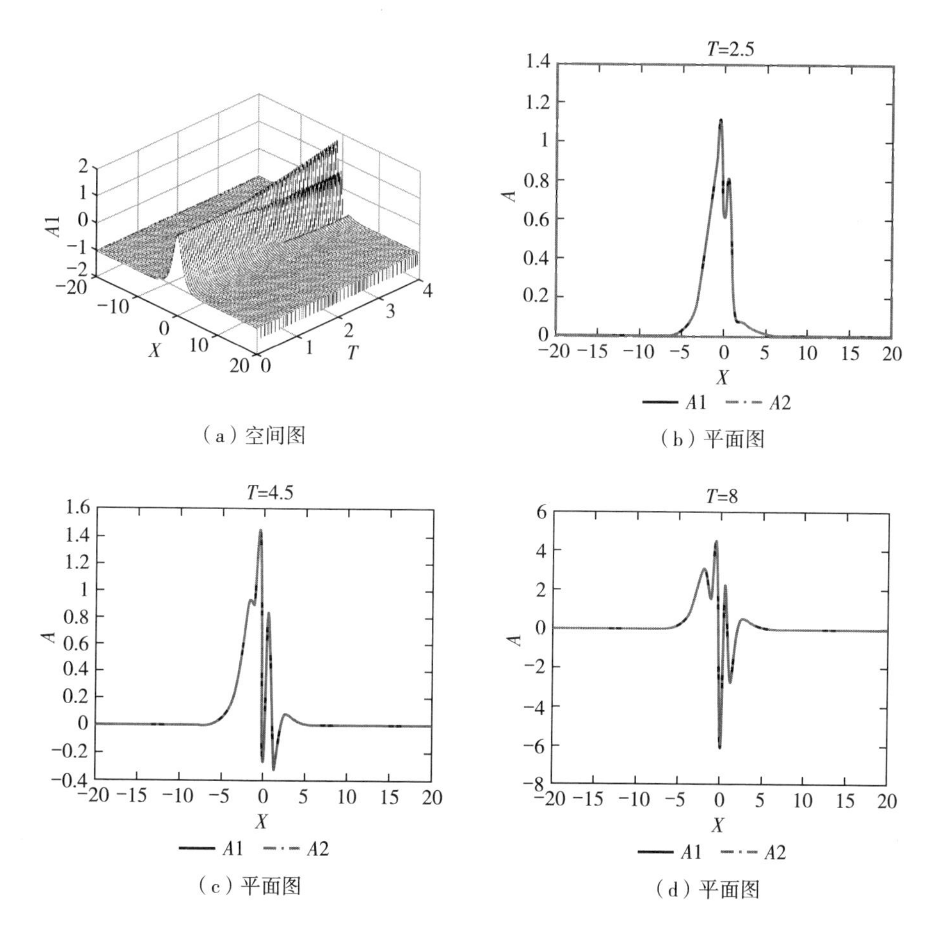

(a) 空间图

(b) 平面图

(c) 平面图

(d) 平面图

图 4.3 $A_1(X, T)$ 和 $A_2(X, T)$ 的演化

(A_2 空间图与 A_1 相同，参数为 $\beta=2\pi$，其他参数与图 4.2 相同)

可知，在 Froude 数和 beta 效应都相同的情况下，它们的演化图是相同的。比较图 4.2 和图 4.3 可以发现，当 β 不相同时，对应的孤立波形也不同。在同一时间内，当 β 从 π 增加到 2π 时，对耦合 Rossby 孤立波的影响较为明显，孤波的波峰数增加而且变得复杂。由此表明，beta 效应对两层流体中 Rossby 孤立波的影响较大。

图 4.4 和图 4.5 是在 Froude 数 $F_1 \neq F_2$ 时，耦合非线性 Rossby 孤立波振幅 $A_1(X, T)$ 和 $A_2(X, T)$ 在无耗散和地形作用下随时间演化的近似图。由

图可见，在相同的 beta 效应下，不同的 Froude 数对应的孤立波形几乎是重合的，这说明了相对于 beta 效应，Froude 数对孤立波影响不太明显。但是，当β增大时，Froude 数的影响相对有所增加，见图 4.5。另外，结合图 4.2 和图 4.3 可知，在不考虑地形和耗散，且 beta 和 Froude 数相同的情形下，两个孤立波是重合的，这是由于一开始考虑的基本剪切流也是相同的。

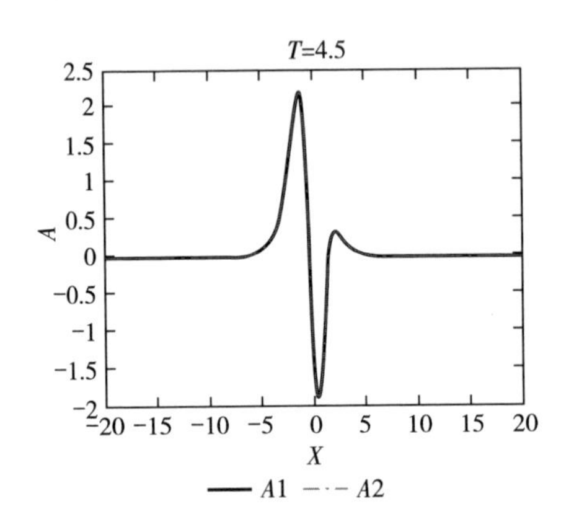

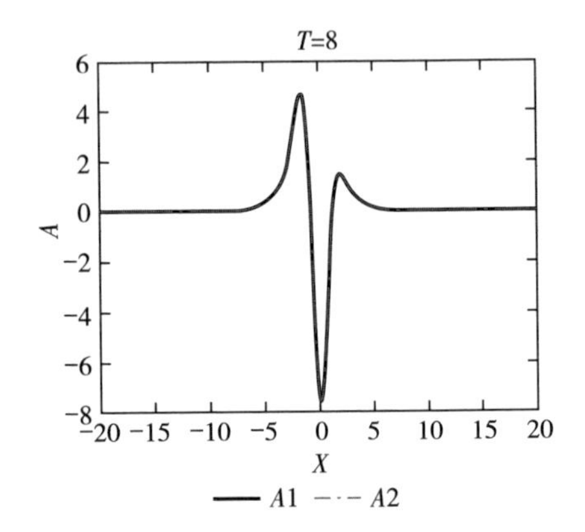

图 4.4　$A_1(X, T)$ 和 $A_2(X, T)$ 的演化

（$F_1=0.02$，$F_2=0.7$，$\beta=\pi$，其他参数与图 4.2 相同）

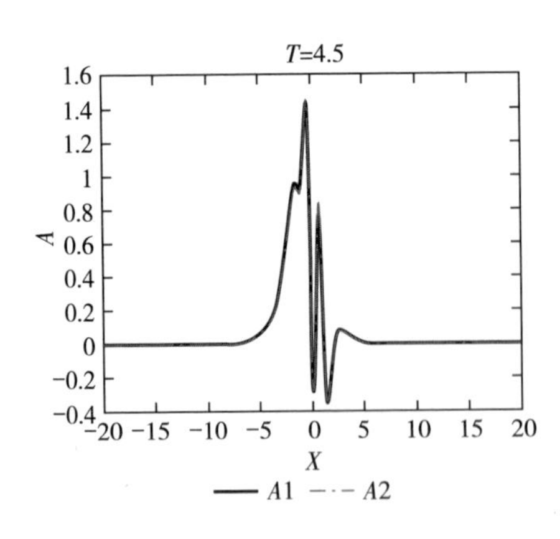

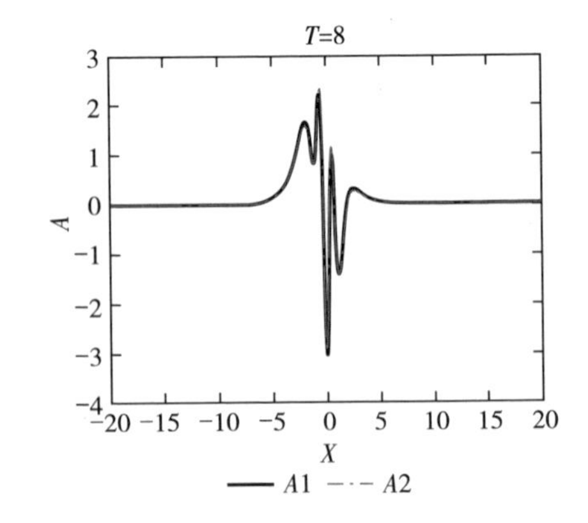

图 4.5　$A_1(X, T)$ 和 $A_2(X, T)$ 的演化

（$F_1=0.02$，$F_2=0.7$，$\beta=2\pi$，其他参数与图 4.2 相同）

图4.2至图4.4是在不考虑耗散和地形的影响下，Froude数和beta效应对孤立波演化的影响。下面结合图4.6至图4.9，进一步说明在耗散和地形作用下，Froude数和beta效应对孤立波演化的影响。

图4.6和图4.7是在Froud数 $F_1=F_2$ 时，耦合非线性Rossby孤立波振幅 A_1（X，T）和 A_2（X，T）在耗散和地形作用下随时间演化的近似图。通过与图4.2至图4.5对比可知，耗散和地形对耦合Rossby孤立波演化影响较大，特别是对下层流体孤立波振幅的影响。在耗散和地形的作用下，beta效应对孤立波影响较大，孤立波的波峰数增加而且变得复杂，这与图4.2和图4.3的分析结果一致。由此可见，耗散和地形是影响两层流体中Rossby孤立波之间相互作用的重要因素。

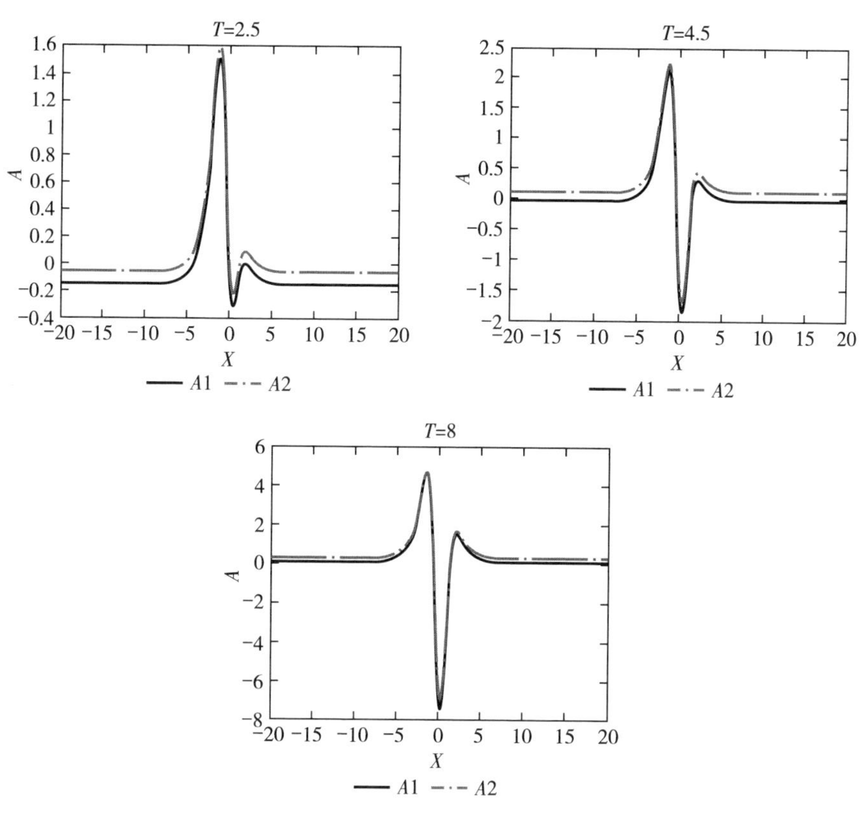

图4.6 A_1（X，T）和 A_2（X，T）的演化

$\left(\mu=0.02，\frac{\partial H}{\partial X}=\sin(\pi y)，\beta=\pi\right.$，其他参数与图4.2相同$\left.\right)$

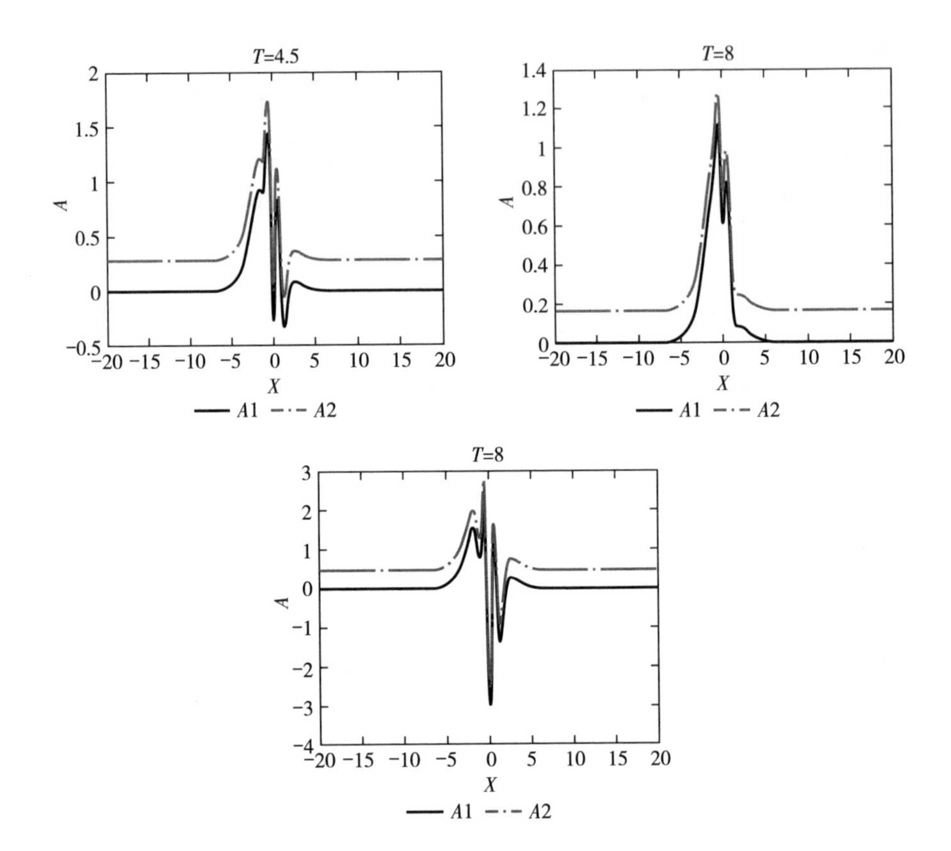

图 4.7　A_1（X，T）和 A_2（X，T）的演化

$\left(\mu=0.02,\ \frac{\partial H}{\partial X}=\sin(\pi y),\ \beta=2\pi\right.$，其他参数与图 4.2 相同$\left.\right)$

图 4.8 和图 4.9 是 Froude 数 $F_1 \neq F_2$ 时，耦合 Rossby 孤立波振幅 A_1（X，T）和 A_2（X，T）在耗散和地形作用下随时间演化的近似图。在地形和耗散的作用下，当 $\beta=\pi$ 时，Froude 数对孤立波的影响几乎不明显。但当 $\beta=2\pi$ 时，计算演示图 4.7 和图 4.9 的第二个图，以及图 4.7 和图 4.9 的第三个图，通过对比发现 Froude 数对孤立波的影响有变化。结果说明，当 β 较小时，Froude 数对孤立波的影响可以忽略，当 β 增大时该影响是不可忽视的。

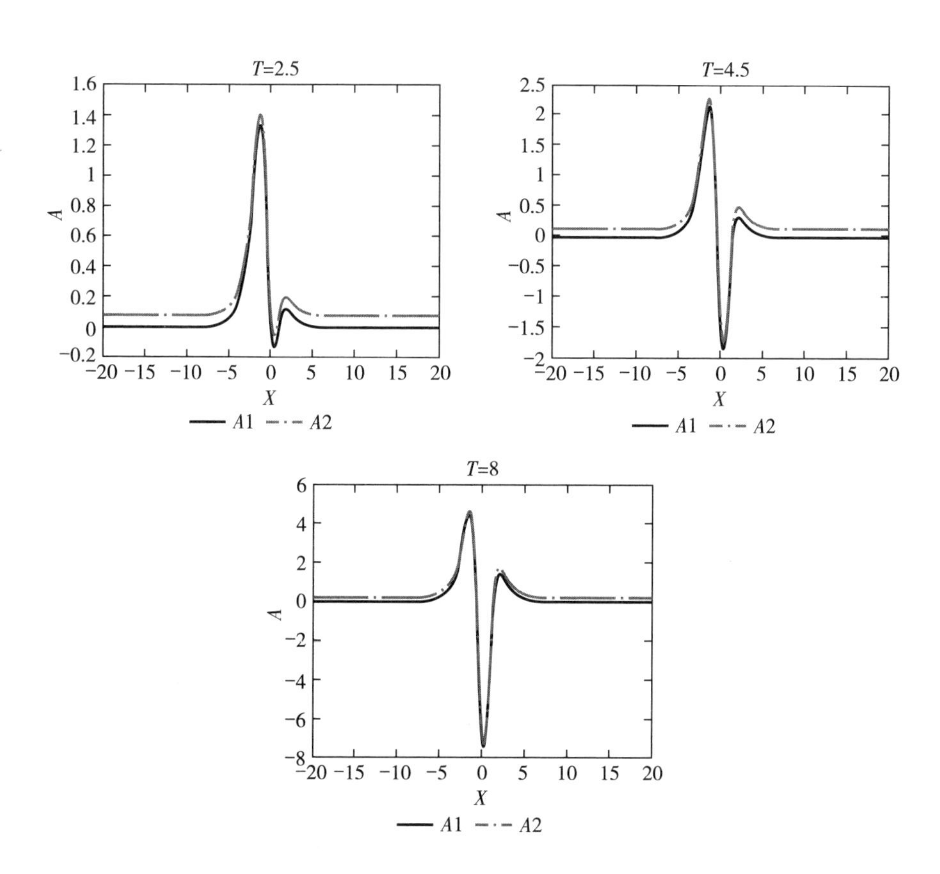

图 4.8　A_1（X，T）和 A_2（X，T）的演化

（$F_1=0.02$，$F_2=0.7$，其他参数与图 4.6 相同）

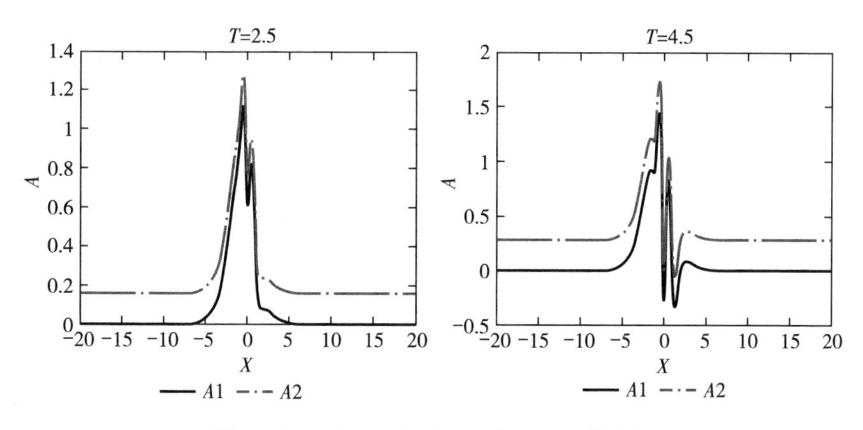

图 4.9　A_1（X，T）和 A_2（X，T）的演化

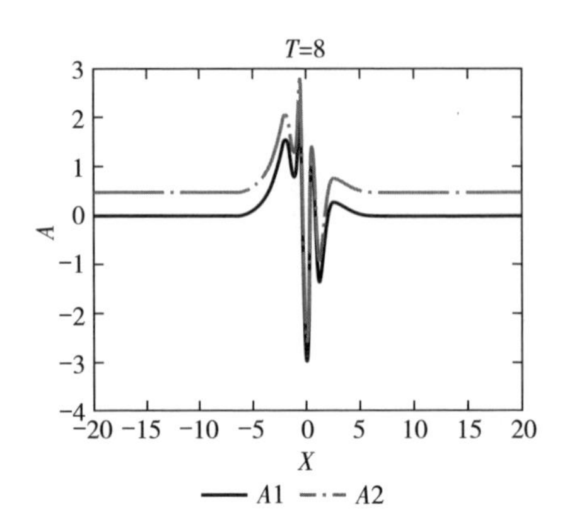

图 4.9　A_1（X，T）和 A_2（X，T）的演化（续）

（F_1=0.02，F_2=0.7，其他参数与图 4.7 相同）

4.2.4　模型解释及演化机制分析

在考虑地形和耗散的情形下，耦合非线性 mKdV 方程（4-21）和方程（4-22）是刻画两层流体中 Rossby 孤立波振幅的演变的模型。通过理论模型分析、解析求解和数值模拟得到，除了基本剪切流以外，beta 效应对 Rossby 波的非线性形成和线性稳定性起到必要作用，而 Froude 数对两层流体中孤立波耦合有重要作用，也是线性稳定性的重要因素。在 Rossby 参数 β 较大时，应考虑 Froude 数对 Rossby 孤立波的影响。另外，从近似求解和图形模拟可以看到，地形和耗散对孤立波的影响较大，对于研究两层流体非线性 Rossby 孤立波是不可忽视的重要因素。

4.3　beta 效应和基本剪切流作用下非线性 Rossby 孤立波耦合 KdV-mKdV 模型

由上一节可知，两层流体中非线性 Rossby 孤立波的耦合与 Froude 数强弱有关，另外在非线性项中并没有体现非线性耦合项。为了揭示上下两层

流体中孤立波之间的非线性耦合作用，本节考虑在Froude数相对强的情形下，建立非线性Rossby孤立波演化的耦合KdV-mKdV模型。

4.3.1 理论模型推导

在不考虑地形、耗散和外源影响的情形下，无量纲的准地转两层斜压模式（4-1）、模型（4-2）变为：

$$\left(\frac{\partial}{\partial t}+\frac{\partial \psi_1}{\partial x}\frac{\partial}{\partial y}-\frac{\partial \psi_1}{\partial y}\frac{\partial}{\partial x}\right)\left[\nabla^2\psi_1+F_1(\psi_1-\psi_2)+\beta y\right]=0 \tag{4-64}$$

$$\left(\frac{\partial}{\partial t}+\frac{\partial \psi_2}{\partial x}\frac{\partial}{\partial y}-\frac{\partial \psi_2}{\partial y}\frac{\partial}{\partial x}\right)\left[\nabla^2\psi_2+F_2(\psi_2-\psi_1)+\beta y\right]=0 \tag{4-65}$$

假设总流函数为：

$$\psi_n(x,\ y,\ t)=-\int_0^y\left[\bar{u}_n(S)-c_0\right]\mathrm{d}s+\psi'_n(x,\ y,\ t) \tag{4-66}$$

其中，$\bar{u}_n(y)$ 是第 n 层基本剪切流函数，c_0 是线性Rossby波的相速度，ψ'_n 是扰动流函数。

采用Gardner-Mörikawa变换：

$$X=\varepsilon x\quad y=y\quad T=\varepsilon^3 t \tag{4-67}$$

Froude数：

$$F_n=\varepsilon F_n \tag{4-68}$$

将方程（4-66）至方程（4-68）代入方程（4-64）、方程（4-65）和边界条件（4-3）中，得到：

$$\left[\varepsilon^2\frac{\partial}{\partial T}+(\bar{u}_1-c_0)\frac{\partial}{\partial X}\right]\left[\varepsilon^2\frac{\partial^2\psi'_1}{\partial X^2}+\frac{\partial^2\psi'_1}{\partial y^2}-\varepsilon F_1(\psi'_1-\psi'_2)\right]+\frac{\partial\psi'_1}{\partial X}\left[\beta-\bar{u}''_1+\varepsilon F_1(\bar{u}_1-\bar{u}_2)\right]+\left(\frac{\partial\psi'_1}{\partial X}\frac{\partial}{\partial y}-\frac{\partial\psi'_1}{\partial y}\frac{\partial}{\partial X}\right)\left[\varepsilon^2\frac{\partial^2\psi'_1}{\partial X^2}+\frac{\partial^2\psi'_1}{\partial y^2}-\varepsilon F_1(\psi'_1-\psi'_2)\right]=0 \tag{4-69}$$

$$\left[\varepsilon^2\frac{\partial}{\partial T}+(\bar{u}_2-c_0)\frac{\partial}{\partial X}\right]\left[\varepsilon^2\frac{\partial^2\psi'_2}{\partial X^2}+\frac{\partial^2\psi'_2}{\partial y^2}-\varepsilon F_2(\psi'_2-\psi'_1)\right]+\frac{\partial\psi'_2}{\partial X}\left[\beta-\bar{u}''_2+\varepsilon F_2(\bar{u}_2-\bar{u}_1)\right]+\left(\frac{\partial\psi'_2}{\partial X}\frac{\partial}{\partial y}-\frac{\partial\psi'_2}{\partial y}\frac{\partial}{\partial X}\right)\left[\varepsilon^2\frac{\partial^2\psi'_2}{\partial X^2}+\frac{\partial^2\psi'_2}{\partial y^2}-\varepsilon F_2(\psi'_2-\psi'_1)\right]=0 \tag{4-70}$$

$$\frac{\partial \psi'_n}{\partial X}=0 \quad y=0,\ 1 \tag{4-71}$$

将扰动流函数 ψ'_n 作如下小参数展开：

$$\psi'_n(X,\ y,\ T)=\varepsilon\psi_n^{(1)}+\varepsilon^2\psi_n^{(2)}+\varepsilon^3\psi_n^{(3)}+\cdots \tag{4-72}$$

将方程（4-72）代入方程（4-69）至方程（4-71），得到 ε 各阶摄动方程，对于 $O(\varepsilon^1)$，令 $\psi_n^{(1)}(X,\ y,\ T)=A_n(X,\ T)\phi_n^{(1)}(y)$，得到：

$$\begin{cases}\left(\dfrac{\mathrm{d}^2}{\mathrm{d}y^2}+\dfrac{\beta-\bar{u}''_n}{\bar{u}_n-c_0}\right)\phi_n^{(1)}=0\\ \phi_n^{(1)}(0)=\phi_n^{(1)}(1)=0\end{cases} \tag{4-73}$$

对于 $O(\varepsilon^2)$：

$$\begin{cases}\dfrac{\partial}{\partial X}\left(\dfrac{\partial^2\psi_n^{(2)}}{\partial y^2}\right)+\dfrac{\beta-\bar{u}''_n}{\bar{u}_n-c_0}\dfrac{\partial\psi_n^{(2)}}{\partial X}=-(-1)^nF_n\left[\dfrac{\partial}{\partial X}(\psi_1^{(1)}-\psi_2^{(1)})-\dfrac{\bar{u}_1-\bar{u}_2}{\bar{u}_n-c_0}\dfrac{\partial\psi_n^{(1)}}{\partial X}\right]\\ \quad-\left(\dfrac{\partial\psi_n^{(1)}}{\partial X}\dfrac{\partial}{\partial y}-\dfrac{\partial\psi_n^{(1)}}{\partial y}\dfrac{\partial}{\partial X}\right)\left(\dfrac{\partial^2\psi_n^{(1)}}{\partial y^2}\right)\\ \dfrac{\partial\psi_n^{(2)}}{\partial X}=0,\ y=0,\ 1\end{cases}$$

(4-74)

为了获得耦合 KdV-mKdV 方程，依据方程的特点，利用变量分离法，假设：

$$\psi_1^{(2)}(X,\ y,\ T)=A_1(X,\ T)\phi_{11}^{(2)}(y)+A_2(X,\ T)\phi_{12}^{(2)}(y)+\frac{1}{2}A_1^2(X,\ T)\phi_{13}^{(2)}(y)$$

(4-75)

$$\psi_2^{(2)}(X,\ y,\ T)=A_2(X,\ T)\phi_{21}^{(2)}(y)+A_1(X,\ T)\phi_{22}^{(2)}(y)+\frac{1}{2}A_2^2(X,\ T)\phi_{23}^{(2)}(y)$$

(4-76)

将方程（4-75）代入方程（4-74）（$n=1$）、方程（4-76）代入方程（4-74）（$n=2$），得到下列两个本征值方程组：

$$\begin{cases}\left(\dfrac{\mathrm{d}^2}{\mathrm{d}y^2}+\dfrac{\beta-\bar{u}''_1}{\bar{u}_1-c_0}\right)\phi_{11}^{(2)}=\dfrac{\bar{u}_2-c_0}{\bar{u}_1-c_0}F_1\phi_1^{(1)}\\ \left(\dfrac{\mathrm{d}^2}{\mathrm{d}y^2}+\dfrac{\beta-\bar{u}''_1}{\bar{u}_1-c_0}\right)\phi_{12}^{(2)}=-F_1\phi_2^{(1)}\\ \left(\dfrac{\mathrm{d}^2}{\mathrm{d}y^2}+\dfrac{\beta-\bar{u}''_1}{\bar{u}_1-c_0}\right)\phi_{13}^{(2)}=\left(\dfrac{\mathrm{d}}{\mathrm{d}y}\dfrac{\beta-\bar{u}''_1}{\bar{u}_1-c_0}\right)(\phi_1^{(1)})^2\\ \phi_{11}^{(2)}(0)=\phi_{12}^{(2)}(0)=\phi_{13}^{(2)}(0)=0\\ \phi_{11}^{(2)}(1)=\phi_{12}^{(2)}(1)=\phi_{13}^{(2)}(1)=0\end{cases}\tag{4-77}$$

和

$$\begin{cases}\left(\dfrac{\mathrm{d}^2}{\mathrm{d}y^2}+\dfrac{\beta-\bar{u}''_2}{\bar{u}_2-c_0}\right)\phi_{21}^{(2)}=\dfrac{\bar{u}_1-c_0}{\bar{u}_2-c_0}F_2\phi_2^{(1)}\\ \left(\dfrac{\mathrm{d}^2}{\mathrm{d}y^2}+\dfrac{\beta-\bar{u}''_2}{\bar{u}_2-c_0}\right)\phi_{22}^{(2)}=-F_2\phi_1^{(1)}\\ \left(\dfrac{\mathrm{d}^2}{\mathrm{d}y^2}+\dfrac{\beta-\bar{u}''_2}{\bar{u}_2-c_0}\right)\phi_{23}^{(2)}=\dfrac{\mathrm{d}}{\mathrm{d}y}\left(\dfrac{\beta-\bar{u}''_2}{\bar{u}_2-c_0}\right)(\phi_2^{(1)})^2\\ \phi_{21}^{(2)}(0)=\phi_{22}^{(2)}(0)=\phi_{23}^{(2)}(0)=0\\ \phi_{21}^{(2)}(1)=\phi_{22}^{(2)}(1)=\phi_{23}^{(2)}(1)=0\end{cases}\tag{4-78}$$

对于 $O(\varepsilon^3)$：

$$\frac{\partial}{\partial X}\left(\frac{\partial^2\psi_n^{(3)}}{\partial y^2}\right)+\frac{\beta-\bar{u}''_n}{\bar{u}_n-c_0}\frac{\partial\psi_n^{(3)}}{\partial X}=-M_n\tag{4-79}$$

其中，

$$\begin{aligned}M_1=&\left[\frac{\partial}{\partial T}+\left(\frac{\partial\psi_1^{(2)}}{\partial X}\frac{\partial}{\partial y}-\frac{\partial\psi_1^{(2)}}{\partial y}\frac{\partial}{\partial X}\right)\right]\left(\frac{\partial^2\psi_1^{(1)}}{\partial y^2}\right)+\left(\frac{\partial\psi_1^{(1)}}{\partial X}\frac{\partial}{\partial y}-\frac{\partial\psi_1^{(1)}}{\partial y}\frac{\partial}{\partial X}\right)\\&\left[\frac{\partial^2\psi_1^{(2)}}{\partial y^2}-F_1(\psi_1^{(1)}-\psi_2^{(1)})\right]+(\bar{u}_1-c_0)\\&\frac{\partial}{\partial X}\left[\frac{\partial^2\psi_1^{(1)}}{\partial X^2}-F_1(\psi_1^{(2)}-\psi_2^{(2)})+F_1\frac{\bar{u}_1-\bar{u}_2}{\bar{u}_1-c_0}\right]\end{aligned}\tag{4-80}$$

$$M_2=\left[\frac{\partial}{\partial T}+\left(\frac{\partial\psi_2^{(2)}}{\partial X}\frac{\partial}{\partial y}-\frac{\partial\psi_2^{(2)}}{\partial y}\frac{\partial}{\partial X}\right)\right]\left(\frac{\partial^2\psi_2^{(1)}}{\partial y^2}\right)$$

$$+\left(\frac{\partial\psi_2^{(1)}}{\partial X}\frac{\partial}{\partial y}-\frac{\partial\psi_2^{(1)}}{\partial y}\frac{\partial}{\partial X}\right)\left[\frac{\partial^2\psi_2^{(2)}}{\partial y^2}-F_2(\psi_2^{(1)}-\psi_1^{(1)})\right]$$

$$+(\bar{u}_2-c_0)\frac{\partial}{\partial X}\left[\frac{\partial^2\psi_2^{(1)}}{\partial X^2}-F_2(\psi_2^{(2)}-\psi_1^{(2)})+F_2\frac{\bar{u}_2-\bar{u}_1}{\bar{u}_2-c_0}\right] \tag{4-81}$$

利用方程（4-79）的可解条件 $\int_0^1\frac{\phi_n^{(1)}}{\bar{u}_n-c_0}M_n\mathrm{d}y=0$，并将方程（4-80）和方程（4-81）分别代入其中，再结合方程（4-75）和方程（4-76）得到：

$$A_{1T}+\alpha_1A_{1X}+b_1(A_1A_2)_X+c_1(A_1^2)_X+d_1(A_2^2)_X+e_1A_{2X}+g_1A_1^2A_{1X}+h_1A_{1XXX}=0 \tag{4-82}$$

$$A_{2T}+\alpha_2A_{2X}+b_2(A_2A_1)_X+c_2(A_2^2)_X+d_2(A_1^2)_X+e_2A_{1X}+g_2A_2^2A_{2X}+h_2A_{2XXX}=0 \tag{4-83}$$

其中，

$$\begin{cases}\alpha_1=\dfrac{1}{I_1}\displaystyle\int_0^1\frac{\phi_1^{(1)}}{\bar{u}_1-c_0}\left[-(\bar{u}_1-c_0)F_1(\phi_{11}^{(2)}-\phi_{22}^{(2)})+\phi_{11}^{(2)}\right]\mathrm{d}y\\ b_1=-\dfrac{1}{I_1}\displaystyle\int_0^1\frac{1}{\bar{u}_1-c_0}\frac{\mathrm{d}}{\mathrm{d}y}\left(\frac{\beta-\bar{u}''_1}{\bar{u}_1-c_0}\right)(\phi_1^{(1)})^2\phi_{12}^{(2)}\mathrm{d}y\\ c_1=-\dfrac{1}{2I_1}\displaystyle\int_0^1\frac{\phi_1^{(1)}}{\bar{u}_1-c_0}\Big[(\bar{u}_2-c_0)F_1\phi_{13}^{(2)}+\\ \qquad\dfrac{\mathrm{d}}{\mathrm{d}y}\left(\dfrac{\bar{u}_2-c_0}{\bar{u}_1-c_0}F_1\phi_1^{(1)}-2\dfrac{\beta-\bar{u}''_1}{\bar{u}_1-c_0}\phi_1^{(1)}\phi_{11}^{(2)}-2\phi_{1y}^{(1)}\phi_{11y}^{(2)}\right)\Big]\mathrm{d}y\\ d_1=\dfrac{1}{2I_1}\displaystyle\int_0^1F_1\phi_1^{(1)}\phi_{13}^{(2)}\mathrm{d}y\\ e_1=\dfrac{1}{I_1}\displaystyle\int_0^1\frac{\phi_1^{(1)}}{\bar{u}_1-c_0}\left[-(\bar{u}_1-c_0)F_1(\phi_{12}^{(2)}-\phi_{21}^{(2)})+\phi_{12}^{(2)}\right]\mathrm{d}y\\ g_1=\dfrac{1}{I_1}\displaystyle\int_0^1\frac{\phi_1^{(1)}}{\bar{u}_1-c_0}\Big[-\frac{1}{2}\frac{\mathrm{d}^2}{\mathrm{d}y^2}\left(\frac{\beta-\bar{u}''_1}{\bar{u}_1-c_0}\right)(\phi_1^{(1)})^3\\ \qquad-\dfrac{3}{2}\dfrac{\mathrm{d}}{\mathrm{d}y}\left(\dfrac{\beta-\bar{u}''_1}{\bar{u}_1-c_0}\right)\phi_{13}^{(2)}\phi_1^{(1)}\Big]\mathrm{d}y\end{cases}$$

$$
\begin{cases}
h_1 = \dfrac{1}{I_1}\displaystyle\int_0^1 (\phi_1^{(1)})^2 \mathrm{d}y \\[2ex]
I_1 = -\displaystyle\int_0^1 \dfrac{\beta - \bar{u}''_1}{(\bar{u}_1 - c_0)^2}(\phi_1^{(1)})^2 \mathrm{d}y
\end{cases} \tag{4-84}
$$

$$
\begin{cases}
\alpha_2 = \dfrac{1}{I_2}\displaystyle\int_0^1 \dfrac{\phi_2^{(1)}}{\bar{u}_2 - c_0}[-(\bar{u}_2 - c_0)F_2(\phi_{21}^{(2)} - \phi_{12}^{(2)}) + \phi_{21}^{(2)}]\mathrm{d}y \\[2ex]
b_2 = -\dfrac{1}{I_2}\displaystyle\int_0^1 \dfrac{1}{\bar{u}_2 - c_0}\dfrac{\mathrm{d}}{\mathrm{d}y}\left(\dfrac{\beta - \bar{u}''_2}{\bar{u}_2 - c_0}\right)(\phi_2^{(1)})^2\phi_{22}^{(2)}\mathrm{d}y \\[2ex]
c_2 = -\dfrac{1}{2I_2}\displaystyle\int_0^1 \dfrac{\phi_2^{(1)}}{\bar{u}_2 - c_0}\Bigg[(\bar{u}_1 - c_0)F_2\phi_{23}^{(2)} + \\
\qquad \dfrac{\mathrm{d}}{\mathrm{d}y}\left(\dfrac{\bar{u}_1 - c_0}{\bar{u}_2 - c_0}F_2\phi_2^{(1)} - 2\dfrac{\beta - \bar{u}''_2}{\bar{u}_2 - c_0}\phi_2^{(1)}\phi_{21}^{(2)} - 2\phi_{2y}^{(1)}\phi_{21y}^{(2)}\right)\Bigg]\mathrm{d}y \\[2ex]
d_2 = \dfrac{1}{2I_2}\displaystyle\int_0^1 F_2\phi_2^{(1)}\phi_{23}^{(2)}\mathrm{d}y \\[2ex]
e_2 = \dfrac{1}{I_2}\displaystyle\int_0^1 \dfrac{\phi_2^{(1)}}{\bar{u}_2 - c_0}[-(\bar{u}_2 - c_0)F_2(\phi_{22}^{(2)} - \phi_{11}^{(2)}) + \phi_{22}^{(2)}]\mathrm{d}y \\[2ex]
g_2 = \dfrac{1}{I_2}\displaystyle\int_0^1 \dfrac{\phi_2^{(1)}}{\bar{u}_2 - c_0}\Bigg[-\dfrac{1}{2}\dfrac{\mathrm{d}^2}{\mathrm{d}y^2}\left(\dfrac{\beta - \bar{u}''_2}{\bar{u}_2 - c_0}\right)(\phi_2^{(1)})^3 - \\
\qquad \dfrac{3}{2}\dfrac{\mathrm{d}}{\mathrm{d}y}\left(\dfrac{\beta - \bar{u}''_2}{\bar{u}_2 - c_0}\right)\phi_{23}^{(2)}\phi_2^{(1)}\Bigg]\mathrm{d}y \\[2ex]
h_2 = \dfrac{1}{I_2}\displaystyle\int_0^1 (\phi_2^{(1)})^2 \mathrm{d}y \\[2ex]
I_2 = -\displaystyle\int_0^1 \dfrac{\beta - \bar{u}''_2}{(\bar{u}_2 - c_0)^2}(\phi_2^{(1)})^2 \mathrm{d}y
\end{cases} \tag{4-85}
$$

方程（4-82）和方程（4-83）是耦合非线性 KdV-mKdV 方程，它们是刻画两层流体中非线性 Rossby 孤立波在 beta 效应、基本剪切流共同作用下演化的耦合数学模型。方程（4-84）和方程（4-85）中 $\phi_{11}^{(2)}$、$\phi_{12}^{(2)}$、$\phi_{13}^{(2)}$、$\phi_{21}^{(2)}$、$\phi_{22}^{(2)}$、$\phi_{23}^{(2)}$、$\phi_1^{(1)}$、$\phi_2^{(1)}$ 可由方程（4-73）、方程（4-77）和方程

(4-78) 来确定。系数 b_n、c_n、d_n、g_n 表示 Rossby 波非线性项，它依赖 β、$\bar{u}_n$、F_n。这表明除了 beta 效应、基本流剪流以外，Froude 数也具有非线性作用，这一结果与上一节不同。h_1、h_2 是线性频散系数，而 b_n、d_n、e_n 表示两层流体中 Rossby 孤立波之间相互作用的非线性耦合系数，与 beta 效应、基本流剪切和 Froude 数有关。另外，与耦合模型（4-21）和方程（4-22）相比，方程（4-82）和方程（4-83）耦合项较多且由线性变为非线性耦合，从模型的推导来看，这与 Froude 数强弱有关。由此可见，Froude 数在两层流体中对孤立波相互作用的影响是不可忽视的。

4.3.2 模型求解及方法

为了求解耦合 KdV-mKdV 方程（4-82）和方程（4-83），先介绍一下变分迭代法（VIM）。考虑下面方程组：

$$L_1u(x, t)+N_1(u(x, t), v(x, t))=g(x, t) \tag{4-86}$$

$$L_2v(x, t)+N_2(u(x, t), v(x, t))=f(x, t) \tag{4-87}$$

其中，L_1、L_2 是线性算子，N_1、N_2 是非线性算子，$g(x, t)$、$f(x, t)$ 是给定的函数。

首先，构造校正泛函：

$$u_{n+1}(x, t) = u_n(x, t) + \int_0^t \lambda_1(\tau)[L_1u_n(x, \tau) + N_1(\tilde{u}_n(x, \tau), \tilde{v}_n(x, \tau)) - g(x, \tau)]\mathrm{d}\tau \tag{4-88}$$

$$v_{n+1}(x, t) = v_n(x, t) + \int_0^t \lambda_2(\tau)[L_2u_n(x, \tau) + N_2(\tilde{u}_n(x, \tau), \tilde{v}_n(x, \tau)) - f(x, \tau)]\mathrm{d}\tau \tag{4-89}$$

其中，$\tilde{u}_n$、$\tilde{v}_n$ 为限制变分，满足 $\delta(\tilde{u}_n)=0$、$\delta(\tilde{v}_n)=0$；λ_1 和 λ_2 为广义的 Lagrange 乘子；u_n、v_n 为方程组（4-86）和方程组（4-87）的第 n 次逼近解。

其次，利用变分理论最佳识别，找到 λ_1 和 λ_2 的值。对校正泛函取变分：

$$\delta u_{n+1}(x, t)=\delta u_n(x, t)+\delta\int_0^t \lambda_1(\tau)[L_1u_n(x, \tau)+N_1(\tilde{u}_n(x, \tau), \tilde{v}_n(x, \tau)) - g(x, \tau)]\mathrm{d}\tau \tag{4-90}$$

$$\delta v_{n+1}(x,\ t)=\delta v_n(x,\ t)+\delta\int_0^t\lambda_2(\tau)[L_2u_n(x,\ \tau)+N_2(\tilde{u}_n(x,\ \tau),\ \tilde{v}_n(x,\ \tau))-f(x,\ \tau)]\mathrm{d}\tau \tag{4-91}$$

令 $\delta u_{n+1}(x,\ t)=0$、$\delta v_{n+1}(x,\ t)=0$，得到 λ_1 和 λ_2 的值。

最后，将所得 λ_1 和 λ_2 代入，选择适当的初始近似解 $u_0(x,\ t)$ 和 $v_0(x,\ t)$（可以是待定常数或函数）后，可得到方程组（4-86）和方程组（4-87）的变分迭代公式：

$$u_{n+1}(x,\ t)=u_n(x,\ t)+\int_0^t\lambda_1[L_1u_n(x,\ \tau)+N_1(u_n(x,\ \tau),\ v_n(x,\ \tau))-g(x,\ \tau)]\mathrm{d}\tau \tag{4-92}$$

$$v_{n+1}(x,\ t)=v_n(x,\ t)+\int_0^t\lambda_2[L_2u_n(x,\ \tau)+N_2(u_n(x,\ \tau),\ v_n(x,\ \tau))-f(x,\ \tau)]\mathrm{d}\tau \tag{4-93}$$

下面利用变分迭代法求耦合 KdV-mKdV 方程的近似解。

为了便于计算，令 $A_1(X,\ T)=A(X,\ T)$、$A_2(X,\ T)=B(X,\ T)$，原方程（4-82）和方程（4-83）可写为：

$$A_T+\alpha_1A_X+b_1(AB)_X+c_1(A^2)_X+d_1(B^2)_X+e_1B_X+g_1A^2A_X+h_1A_{XXX}=0 \tag{4-94}$$

$$B_T+\alpha_2B_X+b_2(BA)_X+c_2(B^2)_X+d_2(A^2)_X+e_2A_X+g_2B^2B_X+h_2B_{XXX}=0 \tag{4-95}$$

根据变分迭代法，先构造耦合 KdV-mKdV 方程的校正泛函：

$$A_{n+1}(X,\ T)=A_n(X,\ T)+\int_0^T\lambda_1(\tau)[A_{n\tau}+\alpha_1\tilde{A}_{nX}+b_1(\tilde{A}_n\tilde{B}_n)_X+c_1(\tilde{A}_n^2)_X+d_1(\tilde{B}_n^2)_X+e_1\tilde{B}_{nX}+g_1\tilde{A}_n^2\tilde{A}_{nX}+h_1\tilde{A}_{nXXX}]\mathrm{d}\tau \tag{4-96}$$

$$B_{n+1}(X,\ T)=B_n(X,\ T)+\int_0^T\lambda_2(\tau)[B_{n\tau}+\alpha_2\tilde{B}_{nX}+b_2(\tilde{B}_n\tilde{A}_n)_X+c_2(\tilde{B}_n^2)_X+d_2(\tilde{A}_n^2)_X+e_2\tilde{A}_{nX}+g_2\tilde{B}_n^2\tilde{B}_{nX}+h_2\tilde{B}_{nXXX}]\mathrm{d}\tau \tag{4-97}$$

其中，λ_1 和 λ_2 为广义 Lagrange 乘子；$A_0(X,\ T)$ 和 $B_0(X,\ T)$ 为初始值；$\tilde{A}_n$ 和 $\tilde{B}_n$ 为限制变分量，即 $\delta(\tilde{A}_n)=0$ 和 $\delta(\tilde{B}_n)=0$。

对上述校正泛函取变分：

$$\delta A_{n+1}(X,\ T)=\delta A_n(X,\ T)+\delta\int_0^T\lambda_1(\tau)[A_{n\tau}+\alpha_1\tilde{A}_{nX}+b_1(\tilde{A}_n\tilde{B}_n)_X+c_1(\tilde{A}_n^2)_X+d_1(\tilde{B}_n^2)_X+e_1\tilde{B}_{nX}+g_1\tilde{A}_n^2\tilde{A}_{nX}+h_1\tilde{A}_{nXXX}]\mathrm{d}\tau \tag{4-98}$$

$$\delta B_{n+1}(X,\ T) = \delta B_n(X,\ T) + \delta\int_0^T \lambda_2(\tau)[B_{n\tau} + \alpha_2\tilde{B}_{nX} + b_2(\tilde{B}_n\tilde{A}_n)_X +$$

$$c_2(\tilde{B}_n^2)_X + d_2(\tilde{A}_n^2)_X + e_2\tilde{A}_{nX} + g_2\tilde{B}_n^2\tilde{B}_{nX} + h_2\tilde{B}_{nXXX}]\mathrm{d}\tau \tag{4-99}$$

令 $\delta A_{n+1}(X,\ T)=0$、$\delta B_{n+1}(X,\ T)=0$，选取合适的初始条件后，得到下列方程：

$$1+\lambda_1(\tau)\mid_{\tau=T}=0,\quad \lambda'_1(\tau)=0 \tag{4-100}$$

$$1+\lambda_2(\tau)\mid_{\tau=T}=0,\quad \lambda'_2(\tau)=0 \tag{4-101}$$

因此，得到广义 Lagrange 乘子 $\lambda_1(\tau)=\lambda_2(\tau)=-1$，于是得到耦合 KdV-mKdV 方程的迭代公式：

$$A_{n+1}(X,\ T) = A_0(X,\ 0) - \int_0^T [\alpha_1 A_{nX} + b_1(A_nB_n)_X + c_1(A_n^2)_X + d_1(B_n^2)_X +$$

$$e_1B_{nX} + g_1A_n^2A_{nX} + h_1A_{nXXX}]\mathrm{d}\tau \tag{4-102}$$

$$B_{n+1}(X,\ T) = B_0(X,\ 0) - \int_0^T [\alpha_2 B_{nX} + b_2(B_nA_n)_X + c_2(B_n^2)_X + d_2(A_n^2)_X +$$

$$e_2A_{nX} + g_2B_n^2B_{nX} + h_2B_{nXXX}]\mathrm{d}\tau \tag{4-103}$$

选取初始近似解 $A_0(X,\ T)=A_0(X,\ 0)=\kappa_1\mathrm{sech}(cX)$、$B_0(X,\ T)=B_0(X,\ 0)=\kappa_2\mathrm{sech}(cX)$，代入上面的迭代公式（4-102）和公式（4-103），借助 Maple 数学软件计算得到一次近似解：

$$A_1(X,\ T)=\kappa_1\mathrm{sech}(cX)+p_1T\mathrm{sech}^2(cX)\tanh(cX)+q_1T\mathrm{sech}^4(cX)\tanh(cX)+$$

$$r_1T\mathrm{sech}^6(cX)\tanh(cX) \tag{4-104}$$

$$B_1(X,\ T)=\kappa_2\mathrm{sech}(cX)+p_2T\mathrm{sech}^2(cX)\tanh(cX)+q_2T\mathrm{sech}^4(cX)\tanh(cX)+$$

$$r_2T\mathrm{sech}^6(cX)\tanh(cX) \tag{4-105}$$

其中，

$$\begin{cases} p_1=2c(\alpha_1\kappa_1+e_1\kappa_2+4h_1\kappa_1c^2),\ p_2=2c(\alpha_2\kappa_2+e_2\kappa_1+4h_2\kappa_2c^2) \\ q_1=4c(b_1\kappa_1\kappa_2+c_1\kappa_1^2-6h_1\kappa_1c^2),\ q_2=4c(b_2\kappa_1\kappa_2+c_2\kappa_2^2-6h_2\kappa_2c^2) \\ r_1=2cg_1\kappa_1^3,\ r_2=2cg_2\kappa_2^3 \end{cases}$$

再借助 Maple 数学软件计算得到 $A(X,\ T)$、$B(X,\ T)$ 的二次近似解：

$$A_2(X,\ T)$$

$$=-24\mathrm{sech}^2(cX)\left[-\frac{7}{24}g_1r_1^3T^4\mathrm{sech}^{20}(cX)-\frac{19}{24}\left(q_1-\frac{13}{19}r_1\right)cr_1^2g_1T^4\mathrm{sech}^{18}(cX)-\right.$$

$$\frac{17}{24}cr_1\left(p_1r_1+q_1^2-\frac{35}{17}q_1r_1+\frac{6}{17}r_1^2\right)g_1T^4\mathrm{sech}^{16}(cX)+\frac{2}{3}c(\kappa_1r_1^2\tanh(cX)-$$

$$\frac{15}{8}\left(r_1\left(q_1-\frac{31}{30}r_1\right)p_1+\frac{1}{6}q_1^3-\frac{31}{30}q_1^2r_1+\frac{8}{15}q_1r_1^2\right)T\Big)g_1T^3\mathrm{sech}^{14}(cX)+\frac{7}{6}\Bigg(\Bigg(\kappa_1r_1$$

$$\left(q_1-\frac{1}{2}r_1\right)g_1+\frac{1}{2}r_1^2c_1+\frac{1}{2}r_1r_2b_1+\frac{1}{2}r_2^2d_1\Bigg)\tanh(cX)-\frac{13}{28}\Bigg(p_1^2r_1+\Bigg(q_1^2-\frac{54}{13}q_1r_1+$$

$$\frac{14}{13}r_1^2\Bigg)p_1-\frac{9}{13}\left(q_1-\frac{14}{9}r_1\right)q_1^2\Bigg)g_1T\Bigg)cT^3\mathrm{sech}^{12}(cX)+\frac{11}{24}c\Bigg(\frac{24}{11}\Bigg(\Bigg(\Bigg(p_1r_1+\frac{1}{2}q_1(q_1-$$

$$2r_1))\kappa_1g_1+\left(\frac{1}{2}r_2b_1+r_1c_1\right)q_1-\frac{1}{2}r_1^2c_1+\frac{1}{2}b_1(-r_2+q_2)r_1+r_2d_1\left(-\frac{1}{2}r_2+q_2\right)\Bigg)T$$

$$\tanh(cX)+\Bigg(\Bigg(\Bigg(-q_1+\frac{23}{11}r_1\Bigg)p_1^2+\frac{23}{11}q_1\left(q_1-\frac{24}{23}r_1\right)p_1-\frac{4}{11}q_1^3\Bigg)T^2+\kappa_1^2r_1^2\Bigg)g_1\Bigg)T^2$$

$$\mathrm{sech}^{10}(cX)-21c\Bigg(-\frac{5}{126}\Bigg(\Bigg(\Bigg((q_1-r_1)p_1-\frac{1}{2}q_1^2\Bigg)\kappa_1g_1+\left(\frac{1}{2}r_2b_1+r_1c_1\right)p_1+\frac{1}{2}q_1^2c_1+$$

$$\left(-r_1c_1+\frac{1}{2}b_1(-r_2+q_2)\right)q_1+\frac{1}{2}b_1(p_2-q_2)r_1+d_1\left(r_2p_2+\frac{1}{2}q_2(q_2-2r_2)\right)T$$

$$\tanh(cX)+c^2h_1r_1+\frac{1}{168}\Bigg(p_1^2+\left(-\frac{19}{3}q_1+\frac{10}{3}r_1\right)p_1+\frac{10}{3}q_1^2\Bigg)p_1g_1T^2-\frac{1}{56}$$

$$\left(q_1-\frac{10}{9}r_1\right)\kappa_1^2g_1+\left(-\frac{1}{28}\kappa_1c_1-\frac{1}{56}\kappa_2b_1\right)r_1-\frac{1}{56}r_2(b_1\kappa_1+2d_1\kappa_2)\Bigg)\Bigg)$$

$$T^2\mathrm{sech}^8(cX)-\frac{35}{4}\Bigg(-\frac{4}{105}(\kappa_1p_1(p_1-2q_1)g_1+2q_1c_1-2r_1c_1+b_1(-r_2+q_2))$$

$$p_1-q_1^2c_1+b_1(p_2-q_2)q_1-p_2r_1b_1+2\left((-r_2+q_2)p_2-\frac{1}{2}q_2^2\right)d_1\Bigg)T\tanh(cX)+$$

$$h_1\left(q_1-\frac{10}{3}r_1\right)c^2-\frac{1}{42}p_1^2\left(-\frac{8}{5}q_1+p_1\right)g_1T^2-\frac{1}{30}\left(p_1-\frac{8}{7}q_1\right)\kappa_1^2g_1+$$

$$\left(-\frac{1}{15}\kappa_1c_1-\frac{1}{30}\kappa_2b_1\right)q_1+\left(-\frac{1}{30}\alpha_1+\frac{8}{105}\kappa_1c_1+\frac{4}{105}\kappa_2b_1\right)r_1-\frac{1}{30}\left(q_2-\frac{8}{7}r_2\right)$$

$$b_1\kappa_1-\frac{1}{15}\left(q_2-\frac{8}{7}r_2\right)\kappa_2d_1-\frac{1}{30}r_2e_1\Bigg)cT^2\mathrm{sech}^6(cX)-\frac{5}{2}\Bigg(\Bigg(\Bigg(\Bigg(\frac{1}{10}\kappa_1p_1^2g_1-\frac{1}{10}p_1^2c_1+$$

$$\left(\frac{1}{5}q_1c_1-\frac{1}{10}b_1(p_2-q_2)\right)p_1-\frac{1}{10}p_2(-q_1b_1+d_1(p_2-2q_2))\Bigg)T^2+\frac{1}{30}g_1\kappa_1^3\Bigg)$$

$$\tanh(cX)+\left(h_1\left(p_1-\frac{13}{3}q_1+\frac{18}{5}r_1\right)c^2+\frac{1}{30}p_1^3T^2g_1+\frac{1}{10}\kappa_1^2p_1g_1+\left(\frac{1}{6}\kappa_1c_1-\frac{1}{12}\kappa_2b_1\right)\right.$$

$$p_1+\left(\frac{1}{5}\kappa_1c_1+\frac{1}{10}\kappa_2b_1-\frac{1}{12}\alpha_1\right)q_1+\frac{1}{10}r_1\alpha_1-\frac{1}{12}b_1\left(-\frac{6}{5}q_2+p_2\right)\kappa_1-\frac{1}{6}$$

$$\left.\kappa_2\left(-\frac{6}{5}q_2+p_2\right)d_1-\frac{1}{12}\left(q_2-\frac{6}{5}r_2\right)e_1\right)T\Big)cT\mathrm{sech}^4(cX)+\Big(\Big(c^2h_1\kappa_1+$$

$$\left(-\frac{1}{6}p_1^2c_1-\frac{1}{6}p_2^2d_1-\frac{1}{6}p_1p_2b_1\right)T^2-\frac{1}{6}c_1\kappa_1^2-\frac{1}{6}\kappa_2^2d_1-\frac{1}{6}b_1\kappa_1\kappa_2\Big)\tanh(cX)+$$

$$\frac{5}{2}\left(h_1\left(p_1-\frac{16}{15}q_1\right)c^2+\left(-\frac{2}{15}\kappa_1c_1-\frac{1}{15}\kappa_2b_1+\frac{1}{20}\alpha_1\right)p_1-\frac{1}{15}q_1\alpha_1-\frac{1}{15}\kappa_1p_2b_1-\right.$$

$$\left.\frac{2}{15}p_2\kappa_2d_1+\frac{1}{20}\left(p_2-\frac{4}{3}q_2\right)e_1\right)T\Big)cT\mathrm{sech}^2(cX)-\frac{1}{3}c\left(c^2h_1\kappa_1+\frac{1}{4}\kappa_1\alpha_1+\frac{1}{4}\kappa_2e_1\right)$$

$$T\tanh(cX)-\frac{1}{3}c^3h_1p_1T^2-\frac{1}{12}T^2(\alpha_1p_1+e_1p_2)c-\frac{1}{24}\kappa_1\Big]\tag{4-106}$$

$B_2(X,\ T)$

$$=-24\mathrm{sech}^2(cX)\Big[-\frac{7}{24}g_2r_2^3T^4\mathrm{sech}^{20}(cX)-\frac{19}{24}\left(q_2-\frac{13}{19}r_2\right)cr_2^2g_2T^4\mathrm{sech}^{18}(cX)-$$

$$\frac{17}{24}cr_2\left(p_2r_2+q_2^2-\frac{35}{17}q_2r_2+\frac{6}{17}r_2^2\right)g_2T^4\mathrm{sech}^{16}(cX)+\frac{2}{3}c\Big(\kappa_2r_2^2\tanh(cX)-$$

$$\frac{15}{8}\left(r_2\left(q_2-\frac{31}{30}r_2\right)p_2+\frac{1}{6}q_2^3-\frac{31}{30}q_2^2r_2+\frac{8}{15}q_2r_2^2\right)T\Big)g_2T^3\mathrm{sech}^{14}(cX)+\frac{7}{6}((\kappa_2r_2$$

$$\left(q_2-\frac{1}{2}r_2\right)g_2+\frac{1}{2}r_1^2d_2+\frac{1}{2}r_1r_2b_2+\frac{1}{2}r_2^2c_2\Big)\tanh(cX)-\frac{13}{28}\Big(p_2^2r_2+\Big(q_2^2-\frac{54}{13}q_2r_2+$$

$$\left.\frac{14}{13}r_2^2\right)p_2-\frac{9}{13}\left(q_2-\frac{14}{9}r_2\right)q_2^2\Big)g_2T\Big)cT^3\mathrm{sech}^{12}(cX)+\frac{11}{24}c\Big(\frac{24}{11}\Big(\Big(p_2r_2+\frac{1}{2}q_2(q_2-$$

$$2r_2))\kappa_2g_2+\left(\frac{1}{2}r_1b_2+r_2c_2\right)q_2-\frac{1}{2}r_2^2c_2+\frac{1}{2}b_2(-r_1+q_1)r_2+r_1d_2\left(-\frac{1}{2}r_1+q_1\right)\Big)T$$

$$\tanh(cX)+\left(\left(\left(-q_2+\frac{23}{11}r_2\right)p_2^2+\frac{23}{11}q_2\left(q_2-\frac{24}{23}r_2\right)p_2-\frac{4}{11}q_2^3\right)T^2+\kappa_2^2r_2^2\right)g_2\Big)T^2$$

$$\mathrm{sech}^{10}(cX)-21c\Big(-\frac{5}{126}\Big(\Big((q_2-r_2)p_2-\frac{1}{2}q_2^2\Big)\kappa_2g_2+\left(\frac{1}{2}r_1b_2+r_2c_2\right)p_2+\frac{1}{2}q_2^2c_2+$$

$$\left(-r_2c_2+\frac{1}{2}b_2(-r_1+q_1)\right)q_2+\frac{1}{2}b_2(p_1-q_1)r_2+d_2\left(r_1p_1+\frac{1}{2}q_1(q_1-2r_1)\right)T$$

$$\tanh(cX)+c^2h_2r_2+\frac{1}{168}\left(p_2^2+\left(-\frac{19}{3}q_2+\frac{10}{3}r_2\right)p_2+\frac{10}{3}q_2^2\right)p_2g_2T^2-\frac{1}{56}$$

$$\left(q_2-\frac{10}{9}r_2\right)\kappa_2^2g_2+\left(-\frac{1}{28}\kappa_2c_2-\frac{1}{56}\kappa_1b_2\right)r_2-\frac{1}{56}r_1(b_2\kappa_2+2d_2\kappa_1)\Big)\Big)T^2\operatorname{sech}^8(cX)-$$

$$\frac{35}{4}\left(-\frac{4}{105}\left(\kappa_2p_2(p_2-2q_2)g_2+2q_2c_2-2r_2c_2+b_2(-r_1+q_1)\right)p_2-q_2^2c_2+\right.$$

$$b_2(p_1-q_1)q_2-p_1r_2b_2+2\left((-r_1+q_1)p_1-\frac{1}{2}q_1^2\right)d_2\Big)T\tanh(cX)+h_2\left(q_2-\frac{10}{3}r_2\right)c^2-$$

$$\frac{1}{42}p_2^2\left(-\frac{8}{5}q_2+p_2\right)g_2T^2-\frac{1}{30}\left(p_2-\frac{8}{7}q_2\right)\kappa_2^2g_2+\left(-\frac{1}{15}\kappa_2c_2-\frac{1}{30}\kappa_1b_2\right)q_2+$$

$$\left(-\frac{1}{30}\alpha_2+\frac{8}{105}\kappa_2c_2+\frac{4}{105}\kappa_1b_2\right)r_2-\frac{1}{30}\left(q_1-\frac{8}{7}r_1\right)b_2\kappa_2-\frac{1}{15}\left(q_1-\frac{8}{7}r_1\right)\kappa_1d_2-$$

$$\frac{1}{30}r_1e_2\Big)cT^2\operatorname{sech}^6(cX)-\frac{5}{2}\left(\left(\left(\left(\frac{1}{10}\kappa_2p_2^2g_2-\frac{1}{10}p_2^2c_2+\left(\frac{1}{5}q_2c_2-\frac{1}{10}b_2(p_1-q_1)\right)p_2-\right.\right.\right.\right.$$

$$\frac{1}{10}p_1(-q_2b_2+d_2(p_1-2q_1))\Big)T^2+\frac{1}{30}g_2\kappa_2^3\Big)\tanh(cX)+\left(h_2\left(p_2-\frac{13}{3}q_2+\frac{18}{5}r_2\right)c^2+\right.$$

$$\frac{1}{30}p_2^3T^2g_2+\frac{1}{10}\kappa_2^2p_2g_2+\left(\frac{1}{6}\kappa_2c_2-\frac{1}{12}\kappa_1b_2\right)p_2+\left(\frac{1}{5}\kappa_2c_2+\frac{1}{10}\kappa_1b_2-\frac{1}{12}\alpha_2\right)q_2+$$

$$\frac{1}{10}r_2\alpha_2-\frac{1}{12}b_2\left(-\frac{6}{5}q_1+p_1\right)\kappa_2-\frac{1}{6}\kappa_1\left(-\frac{6}{5}q_1+p_1\right)d_2-\frac{1}{12}\left(q_1-\frac{6}{5}r_1\right)e_2\Big)T\Big)$$

$$cT\operatorname{sech}^4(cX)+\left(\left(c^2h_2\kappa_2+\left(-\frac{1}{6}p_2^2c_2-\frac{1}{6}p_1^2d_2-\frac{1}{6}p_1p_2b_2\right)T^2-\frac{1}{6}c_2\kappa_2^2-\frac{1}{6}\kappa_1^2d_2-\right.\right.$$

$$\frac{1}{6}b_2\kappa_1\kappa_2\Big)\tanh(cX)+\frac{5}{2}\left(h_2\left(p_2-\frac{16}{15}q_2\right)c^2+\left(-\frac{2}{15}\kappa_2c_2-\frac{1}{15}\kappa_1b_2+\frac{1}{20}\alpha_2\right)p_2-\right.$$

$$\frac{1}{15}q_2\alpha_2-\frac{1}{15}\kappa_2p_1b_2-\frac{2}{15}p_1\kappa_1d_2+\frac{1}{20}\left(p_1-\frac{4}{3}q_1\right)e_2\Big)T\Big)cT\operatorname{sech}^2(cX)-\frac{1}{3}c\left(c^2h_2\kappa_2+\right.$$

$$\left.\frac{1}{4}\kappa_2\alpha_2+\frac{1}{4}\kappa_1e_2\right)T\tanh(cX)-\frac{1}{3}c^3h_2p_2T^2-\frac{1}{12}T^2(\alpha_2p_2+e_2p_1)c-\frac{1}{24}\kappa_2\Big]$$

(4-107)

从图4.10和图4.11中可以看出两层流体中孤立波的演化过程，在传播的过程中孤立波会产生多个波峰，且有对称的现象出现。从孤立波传播过程中的投影图来看，也出现对称现象。二次近似解较一次近似解图形出现波峰明显增多，由此可见，两层流体中的孤立波的演化呈现对称且多个波峰的情形。

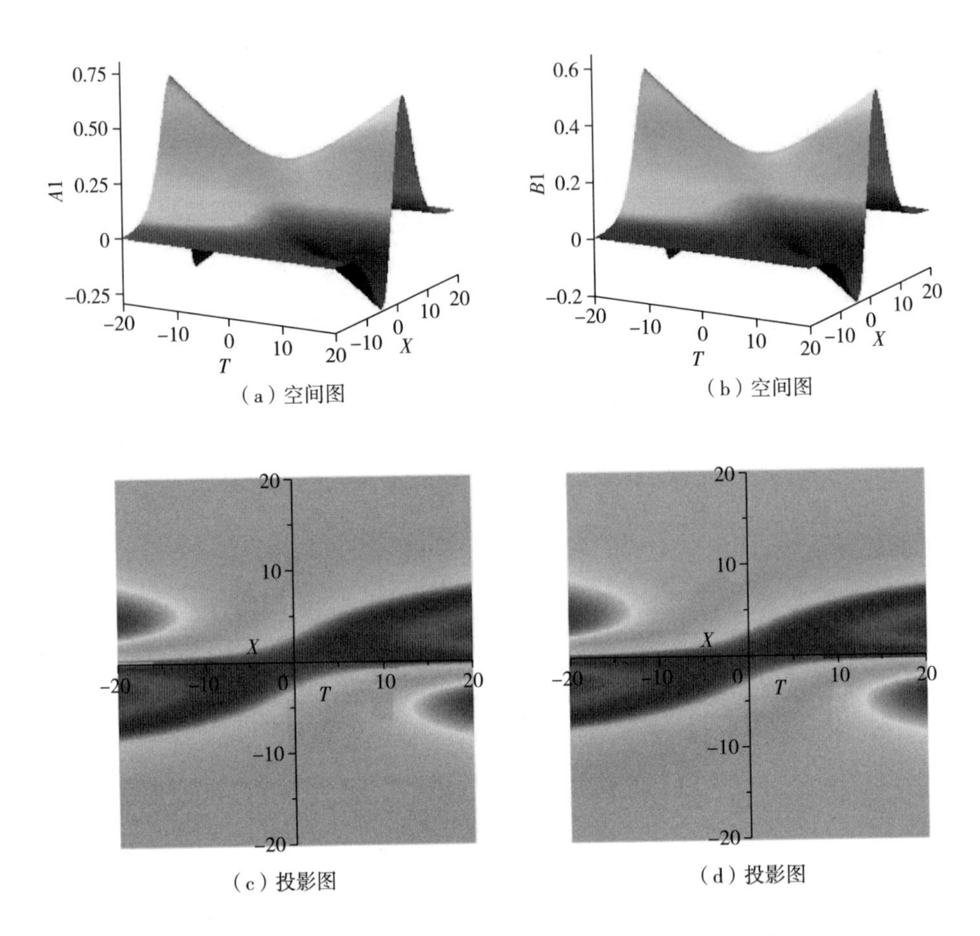

（a）空间图　（b）空间图

（c）投影图　（d）投影图

图 4.10　一次近似解 $A_1(X, T)$ 和 $B_1(X, T)$ 的演化

［（c）和（d）分别为（a）和（b）的投影，参数 $\alpha_1=0.22$，$\alpha_2=0.14$，$b_1=0.12$，$b_2=0.35$，$c_1=0.05$，$c_2=0.06$，$d_1=0.08$，$d_2=0.13$，$e_1=0.35$，$e_2=0.18$，$g_1=0.39$，$g_2=0.7$，$h_1=0.9$，$h_2=1$，$\kappa_1=0.3$，$\kappa_2=0.25$，$c=0.2$］

从图 4.12（a）中可以观察到，当 $T=-15$ 时，二次近似解出现三个波峰，空间 X 轴的上方有两个，下方有一个。随着时间 T 的增大，三个波峰的峰值开始减小，并且空间 X 轴的上方有两个波峰往中间靠近。当 $T=-5$

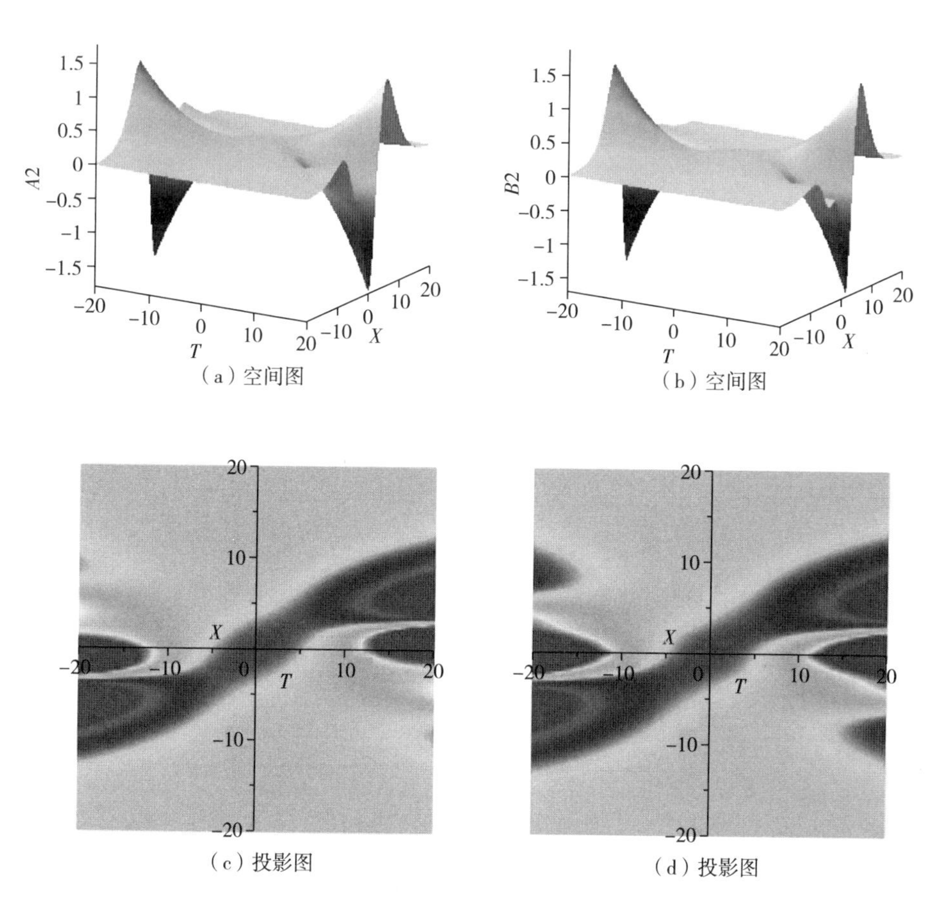

图 4.11　二次近似解 $A_2(X, T)$ 和 $B_2(X, T)$ 的演化

[(c) 和 (d) 分别是 (a) 和 (b) 的投影，参数同图 4.10]

时，二次近似解 A_2 (X, T) 的三个波峰汇合成一个。接下来继续观察图 4.12 (b)，当时间 T 开始取正值时，二次近似解 $A_2(X, T)$ 出现与图 4.9 (a) 相反的变化过程，波峰由一个变为三个，并且空间 X 轴的上方有两个波峰向两边传播。另外，二次近似解 $A_2(X, T)$ 传播过程关于时间 T 与空间 X 轴的原点对称。$B(X, T)$ 的二次近似解 $B_2(X, T)$ 的演化过程与时间关系类似于图 4.12。

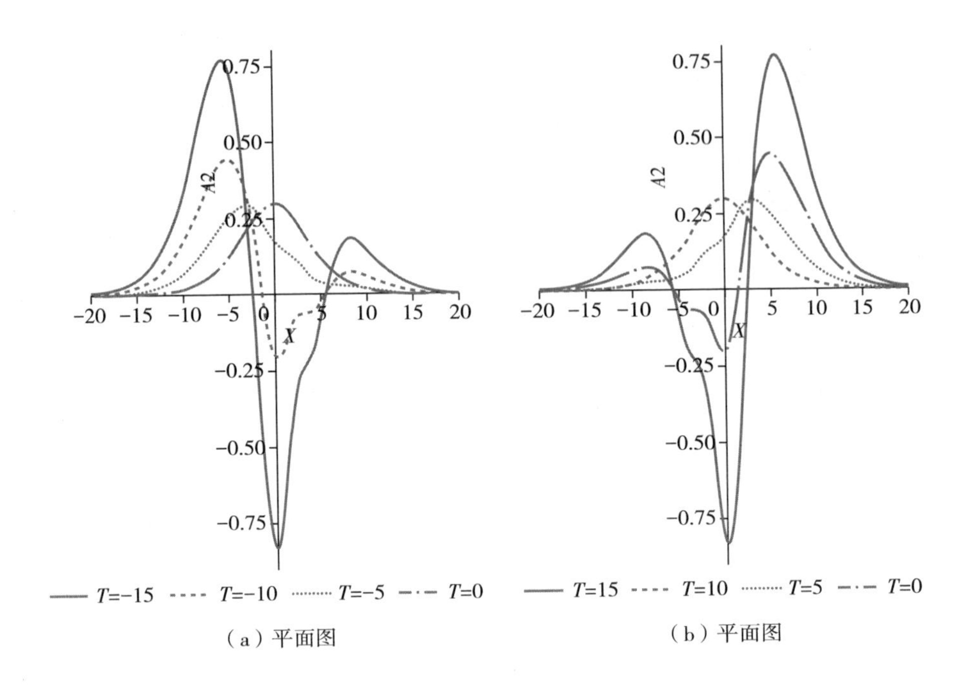

图 4.12 二次近似解 A_2（X，T）演化与时间 T 的关系（参数同图 4.10）

从图 4.13 中可以观察到，当 $T=0$ 时，两个波呈现孤立波形。当时间 $T=8$ 时，两个波传播过程相互交错，波峰位置出现变化。当 $T=18$ 时，两个波传播波形变得更加复杂且相互交错，但波峰有出现位置相同的情形。通过计算和观察图形发现，两个波在传播过程中有时会出现重合，这体现传播过程中波—波之间的耦合作用。

4.3.3 模型解释及演化机制分析

通过对耦合 KdV-mKdV 模型进行理论分析，结合模型近似求解和图形解释，可以得出两层流体中非线性 Rossby 孤立波演化过程受到 beta 效应、基本流剪切和 Froude 数的影响，它们都具有非线性作用，同时也体现了 Froude 数的非线性耦合效应。孤立波在传播过程中具有对称性，波形相互交错，波峰位置时而相同时而不同，反映了波—波相互作用的复杂性。研究结果能够反映真实大气和海洋中波—波演化过程。

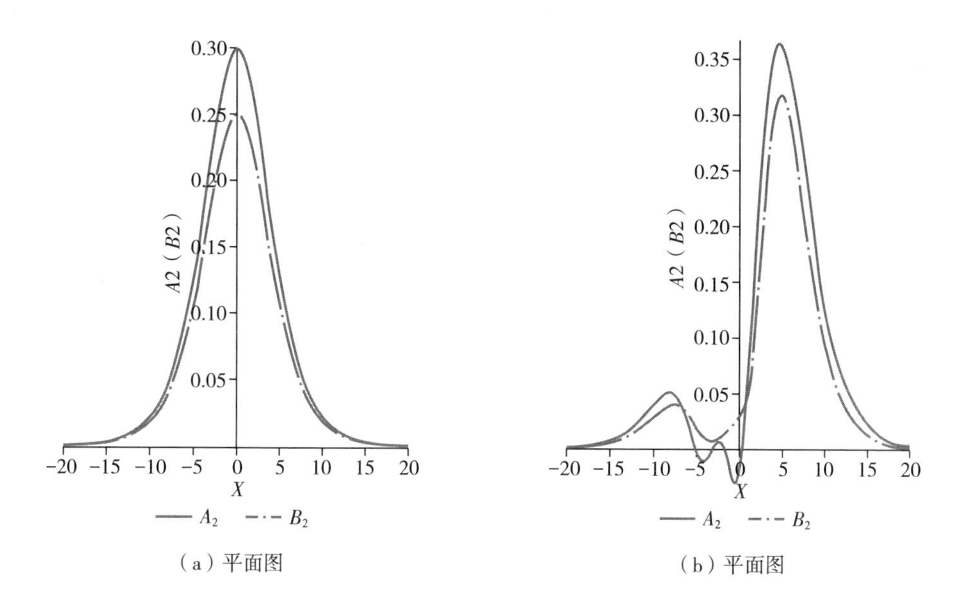

（a）平面图　　（b）平面图

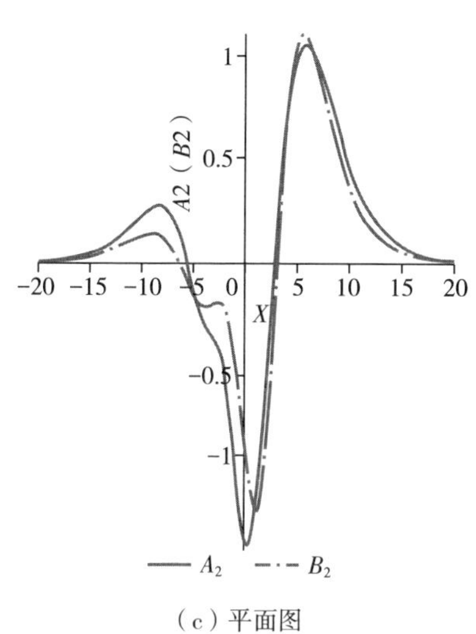

（c）平面图

图 4.13　二次近似解 $A_2(X, T)$ 和 $B_2(X, T)$ 随时间的演化

［（a）$T=0$；（b）$T=8$；（c）$T=18$，参数同图 4.10］

4.4 小结

本章从准地转两层斜压模式出发，采用 Gardner-Morikawa 变换和摄动展开法，获得了刻画非线性 Rossby 孤立波振幅在两层流体中生成和演化的耦合 mKdV 模型和耦合 mKdV-KdV 模型。获得模型与已有结果不同，考虑了 beta 效应和不同 Froude 数（$F_1 \neq F_2$），以及 Froude 数强弱对非线性 Rossby 孤立波的影响。通过耦合 mKdV 模型分析了 Rossby 孤立波线性不稳定性的必要条件，得到 beta 效应和 Froude 数是斜压不稳定性的重要因素。应用 $\left(\frac{G'}{G}\right)$ 展开法获得了无耗散和地形作用下的耦合 mKdV 模型的孤立波解，利用同伦摄动法求解了耗散和地形的影响下的耦合 mKdV 模型近似解，结合数值模拟和图像分析了 Froude 数和 beta 效应对孤立波的影响。对于耦合 mKdV-KdV 模型，理论分析表明，除了 beta 效应和基本剪切流以外，Froude 数也是不可忽视的因素。利用变分迭代法获得了近似解，通过近似解和图形模拟，表明两层流体中非线性 Rossby 孤立波演化过程的物理机制和传播过程中波—波相互作用的复杂性。耦合模型和求解所得结果在理论上能够为大气和海洋非线性动力学的研究内容起到丰富和补充作用。

第5章 非线性重力孤立波理论模型及飑线天气现象形成机制分析

前面介绍了非线性 Rossby 孤立波在多物理因素作用下生成和演化的理论模型和机制分析。本章主要介绍大气中重力孤立波演化的理论模型，然后通过理论模型和求解结果分析飑线天气现象形成机制，为天气和海洋预报提供理论依据。

5.1 引言

从 20 世纪 60 年代开始，对重力波的研究主要依据线性理论展开，获得了许多非常有价值的结论。但随着实验观测的增多，人们发现许多观测结果难以用线性重力波理论来解释。Hines 做了开创性研究，将观测到的不规则运动归因于重力波的非线性。随着电子信息技术的快速发展，基于数值模拟方法，许多学者模拟了重力孤立波的非线性动力学过程。通过重力孤立波模型的理论研究与实际相结合，国内学者做了大量研究工作，他们利用多重尺度和弱非线性等方法，从两层浅水模式和斜压大气方程组出发，建立符合实际大气状况的非线性重力孤立波的理论模型（经典 KdV 方程、mKdV 方程），通过模型的分析，解释飑线形成的非线性过程。李麦村从 f 平面的两层流体浅水模式出发，得到了基本气流作用下重力孤立波的 KdV 方程，并解释了大气中飑线形成的非线性过程。罗德海利用 Benjamin-Ono

（BO）方程来描述代数重力孤立波，解释了飑线非线性现象。许秦在层结大气中得到惯性重力孤立波 KdV 方程模型，并得到了孤立波解。许习华等得到了中尺度大气中重力孤立波波包的 Schrödinger 方程。赵瑞星讨论了层结大气中重力孤立波的非线性周期解。李麦村通过斜压非静力平衡大气方程组，研究了大气中飑线形成的非线性过程。李国平等求解了非线性重力内波方程组，讨论不同形式的外源强迫对重力波的影响，并分析了重力波的结构特征。王兴宝等利用 WKBJ 方法讨论了基本气流、层结和热外源作用对重力惯性波的传播与发展的影响。

近年来，不少学者建立整数阶和分数阶理论模型描述重力孤立波的演化特征，从理论上解释飑线等天气现象。郭敏等推导了斜压大气代数重力孤立波模型，即 Boussinesq-BO 方程和 ZK-ILW 方程，研究了飑线形成的物理机制。杨红卫研究团队、陈利国等从斜压大气非静力平衡方程组出发，推导了时间分数阶 BO 方程、时空分数阶 Schrödinger 方程、时间分数阶 mZK 方程、广义（2+1）维 Boussinesq-Benjamin-Ono 模型和广义（2+1）维 Burgers-Benjamin-Ono 模型，通过模型求解分析重力孤立波的裂变，解释飑线天气现象。

本章介绍斜压大气中的几种（2+1）维非线性重力孤立波理论模型，通过模型和求解结果分析重力孤立波的演化机制，理论上分析飑线天气现象的形成机制。

斜压大气非静力平衡方程组如下：

$$
\begin{cases}
\dfrac{\partial u}{\partial t}+u\dfrac{\partial u}{\partial x}+v\dfrac{\partial u}{\partial y}+w\dfrac{\partial u}{\partial z}=-\dfrac{1}{\rho_0}\dfrac{\partial p}{\partial x}+fv \\
\dfrac{\partial v}{\partial t}+u\dfrac{\partial v}{\partial x}+v\dfrac{\partial v}{\partial y}+w\dfrac{\partial v}{\partial z}=-\dfrac{1}{\rho_0}\dfrac{\partial p}{\partial y}-fu \\
\dfrac{\partial w}{\partial t}+u\dfrac{\partial w}{\partial x}+v\dfrac{\partial w}{\partial y}+w\dfrac{\partial w}{\partial z}=-\dfrac{1}{\rho_0}\dfrac{\partial p}{\partial z}+\dfrac{g\theta}{\theta_0} \\
\dfrac{\partial \theta}{\partial t}+u\dfrac{\partial \theta}{\partial x}+v\dfrac{\partial \theta}{\partial y}+\sigma w=0 \\
\dfrac{\partial(\rho_0 u)}{\partial x}+\dfrac{\partial(\rho_0 v)}{\partial y}+\dfrac{\partial(\rho_0 w)}{\partial z}=0
\end{cases}
\tag{5-1}
$$

其中，p 是气压；θ_0 和 ρ_0 分别表示环境流场的位温与密度；$\sigma=\dfrac{\mathrm{d}\theta_0}{\mathrm{d}z}$；其他符号意义与前面陈述相同。

对方程（5-1）进行无量化，引入各个变量的特征尺度：

$$
\begin{aligned}
&(x,\ y)=L(x^*,\ y^*)\quad z=D(z^*)\quad t=f_0^{-1}(t^*)\\
&(u,\ v)=U(u^*,\ v^*)\quad w=\frac{U}{L}D(w^*)\quad \theta=\delta\theta(\theta^*)\\
&\delta p_{x,y}=\frac{P}{gH}f_0LU(p^*)\quad \delta p_z=\frac{P}{\theta_0}\delta\theta(\theta^*)\quad \rho_0=\frac{P}{gH}(\rho_s)
\end{aligned}
\tag{5-2}
$$

其中，Coriolis 参数 f 的特征尺度为 f_0；P 是地面的特征气压；H 是均匀大气的特征高度；δp_{xy} 和 δp_z 分别表示水平和垂直方向的气压变化。所有带星的量均为无量纲变量。

将方程（5-2）代入方程（5-1），得到下列无量纲方程组：

$$
\begin{cases}
\dfrac{\partial u^*}{\partial t^*}+\dfrac{U}{f_0L}\left(u^*\dfrac{\partial u^*}{\partial x^*}+v^*\dfrac{\partial u^*}{\partial y^*}+w^*\dfrac{\partial u^*}{\partial z^*}\right)=-\dfrac{1}{\rho_s}\dfrac{\partial p^*}{\partial x^*}+v^*\\
\dfrac{\partial v^*}{\partial t^*}+\dfrac{U}{f_0L}\left(u^*\dfrac{\partial v^*}{\partial x^*}+v^*\dfrac{\partial v^*}{\partial y^*}+w^*\dfrac{\partial v^*}{\partial z^*}\right)=-\dfrac{1}{\rho_s}\dfrac{\partial p^*}{\partial y^*}-u^*\\
\dfrac{\partial w^*}{\partial t^*}+\dfrac{U}{f_0L}\left(u^*\dfrac{\partial w^*}{\partial x^*}+v^*\dfrac{\partial w^*}{\partial y^*}+w^*\dfrac{\partial w^*}{\partial z^*}\right)=\dfrac{gL\delta\theta}{Df_0U\theta_0}\left(-\dfrac{1}{\rho_s}\dfrac{\partial p^*}{\partial z^*}+\theta^*\right)\\
\dfrac{\partial \theta^*}{\partial t^*}+\dfrac{U}{f_0L}\left(u^*\dfrac{\partial \theta^*}{\partial x^*}+v^*\dfrac{\partial \theta^*}{\partial y^*}\right)+\dfrac{\sigma UD}{f_0L\delta\theta}w^*=0\\
\dfrac{\partial(\rho_s u^*)}{\partial x^*}+\dfrac{\partial(\rho_s v^*)}{\partial y^*}+\dfrac{\partial(\rho_s w^*)}{\partial z^*}=0
\end{cases}
\tag{5-3}
$$

根据中尺度大气运动特征，$D\sim H$、$\delta\theta\sim\dfrac{\sigma UD}{f_0}$、$R_0=\dfrac{U}{f_0L}\sim O(1)$，引入参数 $\varepsilon=\dfrac{f_0^2}{N^2}$，其中 $N^2=\dfrac{g\sigma}{\theta_0}$，$N$ 是 Brunt-Väisälä 频率。根据文献［6，21，24］，取 $L\sim10^5\mathrm{m}$、$U\sim10\mathrm{m/s}$、$f_0\sim10^{-4}/\mathrm{s}$、$N\sim10^{-2}/\mathrm{s}$，显然 $\varepsilon\ll1$ 作为小参数。

于是，方程（5-3）变为：

$$
\begin{cases}
\dfrac{\partial u^*}{\partial t^*}+u^*\dfrac{\partial u^*}{\partial x^*}+v^*\dfrac{\partial u^*}{\partial y^*}+w^*\dfrac{\partial u^*}{\partial z^*}=-\dfrac{1}{\rho_s}\dfrac{\partial p^*}{\partial x^*}+v^* \\
\dfrac{\partial v^*}{\partial t^*}+u^*\dfrac{\partial v^*}{\partial x^*}+v^*\dfrac{\partial v^*}{\partial y^*}+w^*\dfrac{\partial v^*}{\partial z^*}=-\dfrac{1}{\rho_s}\dfrac{\partial p^*}{\partial y^*}-u^* \\
\dfrac{\partial w^*}{\partial t^*}+u^*\dfrac{\partial w^*}{\partial x^*}+v^*\dfrac{\partial w^*}{\partial y^*}+w^*\dfrac{\partial w^*}{\partial z^*}=\varepsilon^{-1}\left(-\dfrac{1}{\rho_s}\dfrac{\partial p^*}{\partial z^*}+\theta^*\right) \\
\dfrac{\partial \theta^*}{\partial t^*}+u^*\dfrac{\partial \theta^*}{\partial x^*}+v^*\dfrac{\partial \theta^*}{\partial y^*}+w^*=0 \\
\dfrac{\partial(\rho_s u^*)}{\partial x^*}+\dfrac{\partial(\rho_s v^*)}{\partial y^*}+\dfrac{\partial(\rho_s w^*)}{\partial z^*}=0
\end{cases}
\tag{5-4}
$$

下面介绍分数阶积分和分数阶导数的定义。

定义 5.1.1 设 f 是定义在 $[a,\ b](-\infty\leqslant a<b\leqslant-\infty)$ 上的 Riemann 可积函数（对于无限区间的任意有限区间可积），对于任意 $t\in[a,\ b]$，以及任意复数 $\alpha(\mathrm{Re}\alpha>0)$，则：

$$
{}_aD_t^{-\alpha}f(t)={}_aI_t^{\alpha}f(t)=\frac{1}{\Gamma(\alpha)}\int_a^t(t-\tau)^{\alpha-1}f(\tau)\,\mathrm{d}\,\tau \tag{5-5}
$$

和

$$
{}_tD_b^{-\alpha}f(t)={}_tI_b^{\alpha}f(t)=\frac{1}{\Gamma(\alpha)}\int_t^b(\tau-t)^{\alpha-1}f(\tau)\,\mathrm{d}\,\tau \tag{5-6}
$$

分别被称为函数 $f(t)$ 的 α 阶左侧和右侧 Riemann-Liouville 分数阶积分。其中 $\Gamma(\alpha)$ 是 Gamma 函数。

定义 5.1.2 设 f 是定义在 $[a,\ b]$ $(-\infty\leqslant a<b\leqslant-\infty)$ 上的 Riemann 可积函数（对于无限区间的任意有限区间可积），对于任意 $t\in[a,\ b]$，以及任意实数 $\alpha>0$，$n-1\leqslant\alpha\leqslant n$，则：

$$
{}_aD_t^{\alpha}f(t)=D^n({}_aD_t^{\alpha-n}f(t))=\frac{1}{\Gamma(n-\alpha)}\frac{\mathrm{d}^n}{\mathrm{d}x^n}\int_t^b(\tau-t)^{n-\alpha-1}f(\tau)\,\mathrm{d}\,\tau \tag{5-7}
$$

和

$$
{}_tD_b^{\alpha}f(t)=(-1)^nD^n({}_tD_b^{\alpha-n}f(t))=\frac{(-1)^n}{\Gamma(n-\alpha)}\frac{\mathrm{d}^n}{\mathrm{d}x^n}\int_t^b(\tau-t)^{n-\alpha-1}f(\tau)\,\mathrm{d}\,\tau \tag{5-8}
$$

分别被称为函数$f(t)$的α阶左侧和右侧Riemann-Liouville分数阶导数。

通常f在$[0, +\infty)$的α阶左侧Riemann-Liouville分数阶导数，记为$D_t^{\alpha}f(t)$或$D_t^{\alpha}f$。

定义5.1.3　函数$f(x, y, t)$关于$t(t \geqslant 0)$的Riemann-Liouville分数阶偏导数：

$$D_t^{\alpha}f = \frac{\partial^{\alpha}f}{\partial t^{\alpha}} = \begin{cases} \dfrac{1}{\Gamma(k-\alpha)} \dfrac{\partial^k}{\partial t^k} \displaystyle\int_0^T (t-s)^{k-\alpha-1} f \mathrm{d}s & k-1 \leqslant \alpha < k \\ \dfrac{\partial^k f}{\partial t^k} & \alpha = k \end{cases} \tag{5-9}$$

定义5.1.4　分数阶分部积分公式：

$$\int_a^b (\mathrm{d}\tau)^{\gamma} f(z) D_z^{\gamma} g(z) = \int_a^b \mathrm{d}\tau\, g(z) D_z^{\gamma} f(z) \quad f(z),\ g(z) \in [a, b] \tag{5-10}$$

这里，$D_z^{\gamma}g(z)$是Riemann-Liouville分数阶导数。关于分数阶概念和性质读者可以参考文献［143］、［147］、［148］、［149］。

5.2　非线性重力孤立波广义（2+1）维Boussinesq-Benjamin-Ono模型

本节将介绍斜压大气中非线性代数重力孤立波演化的（2+1）维理论模型。

5.2.1　理论模型推导

基于方程（5-4），采用时空多尺度变换和弱非线性理论，推导广义（2+1）维Boussinesq-Benjamin-Ono模型。

由于在大气低空急流附近，基本气流具有较强的水平切变，而在远离低空急流区时，基本气流的切变很小，因此，假设基本气流为：

$$\bar{u}=\begin{cases}\bar{u}(y,\ z) & y\in[0,\ h_0]\\ \bar{u}_1 & y\in[h_0,\ +\infty)\end{cases}$$

其中，$\bar{u}_1$ 是常数。边界条件为：

$$\begin{cases}p^*=0,\ y=0\\ p^*\to 0,\ y\to\infty\end{cases}\tag{5-11}$$

首先，考虑在低空急流区 $[0,\ h_0]$。引入时空多尺度变换：

$$t=\varepsilon^{\frac{3}{2}}t^*\quad x=\varepsilon(x^*-ct^*)\quad y=\varepsilon y^*\quad z=z^*$$

进一步有：

$$\frac{\partial}{\partial t^*}=\varepsilon^{\frac{3}{2}}\frac{\partial}{\partial t}-c\varepsilon\frac{\partial}{\partial x}\quad \frac{\partial}{\partial x^*}=\varepsilon\frac{\partial}{\partial x}\quad \frac{\partial}{\partial y^*}=\varepsilon\frac{\partial}{\partial y}+\frac{\partial}{\partial y_0}\quad \frac{\partial}{\partial z^*}=\frac{\partial}{\partial z}\tag{5-12}$$

并且假设 u^*、v^*、w^*、p^*、θ^* 有如下小参数展开：

$$\begin{aligned}
&u^*=(\bar{u}(y_0,\ z)+\varepsilon\alpha)+\varepsilon u_0+\varepsilon^{\frac{3}{2}}u_1+\varepsilon^2u_2+\cdots\\
&v^*=\varepsilon^2v_0+\varepsilon^{\frac{5}{2}}v_1+\varepsilon^3v_2+\cdots\\
&w^*=\varepsilon^2w_0+\varepsilon^{\frac{5}{2}}w_1+\varepsilon^3w_2+\cdots\\
&p^*=P(y_0,\ z)+\varepsilon p_0+\varepsilon^{\frac{3}{2}}p_1+\varepsilon^2p_2+\cdots\\
&\theta^*=\Theta(y_0,\ z)+\varepsilon\theta_0+\varepsilon^{\frac{3}{2}}\theta_1+\varepsilon^2\theta_2+\cdots
\end{aligned}\tag{5-13}$$

其中，α 是量级为 1 的失谐参数；$P(y_0,\ z)$、$\Theta(y_0,\ z)$ 分别表示基本气压和温位场，是关于变量 y_0 和 z 的函数。

将方程（5-12）和方程（5-13）代入方程（5-4）得到：

$$\varepsilon^{\frac{5}{2}}\frac{\partial u_0}{\partial t}+\varepsilon^3\frac{\partial u_1}{\partial t}+\varepsilon^{\frac{7}{2}}\frac{\partial u_2}{\partial t}-c\varepsilon^2\frac{\partial u_0}{\partial x}-c\varepsilon^{\frac{5}{2}}\frac{\partial u_1}{\partial x}-c\varepsilon^3\frac{\partial u_2}{\partial x}+[(\bar{u}+\varepsilon\alpha)+$$

$$\varepsilon u_0+\varepsilon^{\frac{3}{2}}u_1+\varepsilon^2u_2]\left(\varepsilon^2\frac{\partial u_0}{\partial x}+\varepsilon^{\frac{5}{2}}\frac{\partial u_1}{\partial x}+\varepsilon^3\frac{\partial u_2}{\partial x}\right)+(\varepsilon^2v_0+\varepsilon^{\frac{5}{2}}v_1+\varepsilon^3v_2)\times$$

$$\left(\frac{\partial\bar{u}}{\partial y_0}+\varepsilon\frac{\partial u_0}{\partial y_0}+\varepsilon^{\frac{3}{2}}\frac{\partial u_1}{\partial y_0}+\varepsilon^2\frac{\partial u_2}{\partial y_0}\right)+(\varepsilon^2v_0+\varepsilon^{\frac{5}{2}}v_1+\varepsilon^3v_2)\left(\varepsilon^2\frac{\partial u_0}{\partial y}+\varepsilon^{\frac{5}{2}}\frac{\partial u_1}{\partial y}+\varepsilon^3\frac{\partial u_2}{\partial y}\right)+$$

$$(\varepsilon^2w_0+\varepsilon^{\frac{5}{2}}w_1+\varepsilon^3w_2)\left(\frac{\partial\bar{u}}{\partial z}+\varepsilon\frac{\partial u_0}{\partial z}+\varepsilon^{\frac{3}{2}}\frac{\partial u_1}{\partial z}+\varepsilon^2\frac{\partial u_2}{\partial z}\right)+\varepsilon^2\frac{1}{\rho_s}\frac{\partial p_0}{\partial x}+\varepsilon^{\frac{5}{2}}\frac{1}{\rho_s}\frac{\partial p_1}{\partial x}+$$

$$\varepsilon^3\frac{1}{\rho_s}\frac{\partial p_2}{\partial x}-\varepsilon^2 v_0-\varepsilon^{\frac{5}{2}}v_1-\varepsilon^3 v_2=0 \tag{5-14}$$

$$\varepsilon^{\frac{5}{2}}\frac{\partial v_0}{\partial t}+\varepsilon^3\frac{\partial v_1}{\partial t}+\varepsilon^{\frac{7}{2}}\frac{\partial v_2}{\partial t}-c\varepsilon^2\frac{\partial v_0}{\partial x}-c\varepsilon^{\frac{5}{2}}\frac{\partial v_1}{\partial x}-c\varepsilon^3\frac{\partial v_2}{\partial x}+[(\bar{u}+\varepsilon\alpha)+\varepsilon u_0+\varepsilon^{\frac{3}{2}}u_1+$$

$$\varepsilon^2 u_2]\left(\varepsilon^3\frac{\partial v_0}{\partial x}+\varepsilon^{\frac{7}{2}}\frac{\partial v_1}{\partial x}+\varepsilon^4\frac{\partial v_2}{\partial x}\right)+(\varepsilon^2 v_0+\varepsilon^{\frac{5}{2}}v_1+\varepsilon^3 v_2)\left(\varepsilon^2\frac{\partial v_0}{\partial y_0}+\varepsilon^{\frac{5}{2}}\frac{\partial v_1}{\partial y_0}+\varepsilon^3\frac{\partial v_2}{\partial y_0}\right)+$$

$$(\varepsilon^2 v_0+\varepsilon^{\frac{5}{2}}v_1+\varepsilon^3 v_2)\left(\varepsilon^3\frac{\partial v_0}{\partial y}+\varepsilon^{\frac{7}{2}}\frac{\partial v_1}{\partial y}+\varepsilon^4\frac{\partial v_2}{\partial y}\right)+(\varepsilon^2 w_0+\varepsilon^{\frac{5}{2}}w_1+\varepsilon^3 w_2)$$

$$\left(\varepsilon^2\frac{\partial v_0}{\partial z}+\varepsilon^{\frac{5}{2}}\frac{\partial v_1}{\partial z}+\varepsilon^3\frac{\partial v_2}{\partial z}\right)+\frac{1}{\rho_s}\frac{\partial P}{\partial y_0}+\varepsilon\frac{1}{\rho_s}\frac{\partial p_0}{\partial y_0}+\varepsilon^{\frac{3}{2}}\frac{1}{\rho_s}\frac{\partial p_1}{\partial y_0}+\varepsilon^2\frac{1}{\rho_s}\frac{\partial p_2}{\partial y_0}+\varepsilon^2\frac{1}{\rho_s}\frac{\partial p_0}{\partial y}+$$

$$\varepsilon^{\frac{5}{2}}\frac{1}{\rho_s}\frac{\partial p_1}{\partial y}+\varepsilon^3\frac{1}{\rho_s}\frac{\partial p_2}{\partial y}+(\bar{u}+\varepsilon\alpha)+\varepsilon u_0+\varepsilon^{\frac{3}{2}}u_1+\varepsilon^2 u_2=0 \tag{5-15}$$

$$\varepsilon^{\frac{5}{2}}\frac{\partial w_0}{\partial t}+\varepsilon^3\frac{\partial w_1}{\partial t}+\varepsilon^{\frac{7}{2}}\frac{\partial w_2}{\partial t}-c\varepsilon^2\frac{\partial w_0}{\partial x}-c\varepsilon^{\frac{5}{2}}\frac{\partial w_1}{\partial x}-c\varepsilon^3\frac{\partial w_2}{\partial x}+[(\bar{u}+\varepsilon\alpha)+$$

$$\varepsilon u_0+\varepsilon^{\frac{3}{2}}u_1+\varepsilon^2 u_2]\left(\varepsilon^3\frac{\partial w_0}{\partial x}+\varepsilon^{\frac{7}{2}}\frac{\partial w_1}{\partial x}+\varepsilon^4\frac{\partial w_2}{\partial x}\right)+(\varepsilon^2 v_0+\varepsilon^{\frac{5}{2}}v_1+\varepsilon^3 v_2)$$

$$\left(\varepsilon^2\frac{\partial w_0}{\partial y_0}+\varepsilon^{\frac{5}{2}}\frac{\partial w_1}{\partial y_0}+\varepsilon^3\frac{\partial w_2}{\partial y_0}\right)+(\varepsilon^2 v_0+\varepsilon^{\frac{5}{2}}v_1+\varepsilon^3 v_2)\left(\varepsilon^3\frac{\partial w_0}{\partial y}+\varepsilon^{\frac{7}{2}}\frac{\partial w_1}{\partial y}+\varepsilon^4\frac{\partial w_2}{\partial y}\right)+$$

$$(\varepsilon^2 w_0+\varepsilon^{\frac{5}{2}}w_1+\varepsilon^3 w_2)\left(\varepsilon^2\frac{\partial w_0}{\partial z}+\varepsilon^{\frac{5}{2}}\frac{\partial w_1}{\partial z}+\varepsilon^3\frac{\partial w_2}{\partial z}\right)+\varepsilon^{-1}\frac{1}{\rho_s}\frac{\partial P}{\partial z}+\frac{1}{\rho_s}\frac{\partial p_0}{\partial z}+$$

$$\varepsilon^{\frac{1}{2}}\frac{1}{\rho_s}\frac{\partial p_1}{\partial z}+\varepsilon^1\frac{1}{e_s}\frac{\partial p_z}{\partial z}-\varepsilon^{-1}\Theta-\theta_0-\varepsilon^{\frac{1}{2}}\theta_1-\varepsilon\theta_2=0 \tag{5-16}$$

$$\varepsilon^{\frac{5}{2}}\frac{\partial\theta_0}{\partial t}+\varepsilon^3\frac{\partial\theta_1}{\partial t}+\varepsilon^{\frac{7}{2}}\frac{\partial\theta_2}{\partial t}-c\varepsilon^2\frac{\partial\theta_0}{\partial x}-c\varepsilon^{\frac{5}{2}}\frac{\partial\theta_1}{\partial x}-c\varepsilon^3\frac{\partial\theta_2}{\partial x}+[(\bar{u}+\varepsilon\alpha)+\varepsilon u_0+$$

$$\varepsilon^{\frac{3}{2}}u_1+\varepsilon^2 u_2]\left(\varepsilon^2\frac{\partial\theta_0}{\partial x}+\varepsilon^{\frac{5}{2}}\frac{\partial\theta_1}{\partial x}+\varepsilon^3\frac{\partial\theta_2}{\partial x}\right)+(\varepsilon^2 v_0+\varepsilon^{\frac{5}{2}}v_1+\varepsilon^3 v_2)\times$$

$$\left(\frac{\partial\Theta}{\partial y_0}+\varepsilon\frac{\partial\theta_0}{\partial y_0}+\varepsilon^{\frac{3}{2}}\frac{\partial\theta_1}{\partial y_0}+\varepsilon^2\frac{\partial\theta_2}{\partial y_0}\right)+(\varepsilon^2 v_0+\varepsilon^{\frac{5}{2}}v_1+\varepsilon^3 v_2)\left(\varepsilon^2\frac{\partial\theta_0}{\partial y}+\varepsilon^{\frac{5}{2}}\frac{\partial\theta_1}{\partial y}+\varepsilon^3\frac{\partial\theta_2}{\partial y}\right)+$$

$$\varepsilon^2 w_0+\varepsilon^{\frac{5}{2}}w_1+\varepsilon^3 w_2=0 \tag{5-17}$$

$$\varepsilon^2\frac{\partial\rho_s u_0}{\partial x}+\varepsilon^{\frac{5}{2}}\frac{\partial\rho_s u_1}{\partial x}+\varepsilon^3\frac{\partial\rho_s u_2}{\partial x}+\varepsilon^2\frac{\partial\rho_s v_0}{\partial y_0}+\varepsilon^{\frac{5}{2}}\frac{\partial\rho_s v_1}{\partial y_0}+\varepsilon^3\frac{\partial\rho_s v_2}{\partial y_0}+\varepsilon^3\frac{\partial\rho_s v_0}{\partial y}+$$

$$\varepsilon^{\frac{7}{2}}\frac{\partial\rho_s v_1}{\partial y}+\varepsilon^3\frac{\partial\rho_s v_2}{\partial y}+\varepsilon^2\frac{\partial\rho_s w_0}{\partial z}+\varepsilon^{\frac{5}{2}}\frac{\partial\rho_s w_1}{\partial z}+\varepsilon^3\frac{\partial\rho_s w_2}{\partial z}=0 \tag{5-18}$$

关于 ε 的零级近似：

$$\begin{cases}\dfrac{1}{\rho_s}\dfrac{\partial P}{\partial y_0}+\bar{u}=0\\ \dfrac{1}{\rho_s}\dfrac{\partial P}{\partial z}-\Theta=0\end{cases} \tag{5-19}$$

由方程（5-19）可知，基本气流是静力平衡。

关于 ε 的一级近似：

$$\begin{cases}(\bar{u}-c)\dfrac{\partial u_0}{\partial x}+\left(\dfrac{\partial\bar{u}}{\partial y_0}-1\right)v_0+\dfrac{\partial\bar{u}}{\partial z}w_0+\dfrac{1}{\rho_s}\dfrac{\partial p_0}{\partial x}=0\\ \dfrac{1}{\rho_s}\dfrac{\partial p_0}{\partial y_0}+\alpha+u_0=0\\ \dfrac{1}{\rho_s}\dfrac{\partial p_0}{\partial z}-\theta_0=0\\ (\bar{u}-c)\dfrac{\partial\theta_0}{\partial x}+\dfrac{\partial\theta}{\partial y_0}v_0+w_0=0\\ \dfrac{\partial\rho_s u_0}{\partial x}+\dfrac{\partial\rho_s v_0}{\partial y_0}+\dfrac{\partial\rho_s w_0}{\partial z}=0\end{cases} \tag{5-20}$$

利用变量分离法，假设方程（5-20）的解为：

$$\begin{cases}u_0=\tilde{u}_0(y_0,\ z)n(t,\ x,\ y)\\ v_0=\tilde{v}_0(y_0,\ z)n_x(t,\ x,\ y)\\ w_0=\tilde{w}_0(y_0,\ z)n_x(t,\ x,\ y)\\ \theta_0=\tilde{\theta}_0(y_0,\ z)n(t,\ x,\ y)\\ p_0=\tilde{p}_0(y_0,\ z)n(t,\ x,\ y)\end{cases} \tag{5-21}$$

将其代入方程（5-20），得到关于 p_0 的方程：

$$\ell_{y_0,z}\left(\frac{\partial p_0}{\partial x}\right)=0 \tag{5-22}$$

其中，

$$\begin{cases}\ell_{y_0,z}=-\dfrac{1}{\rho_s}\dfrac{\partial}{\partial y_0}+C\left[\left(\dfrac{1}{\left(\bar{u}-c\right)^2}+\bar{u}_{zz}\right)\dfrac{\partial}{\partial y_0}+\dfrac{\partial^2}{\partial y_0^2}+2\bar{u}_z\dfrac{\partial^2}{\partial z\partial y_0}+\right.\\ \left.\left(\bar{u}_{y_0z}+\dfrac{\bar{u}_z}{(\bar{u}-c)}\dfrac{(1-\bar{u}_{y_0})\bar{u}_z}{(\bar{u}-c)^2}\right)\dfrac{\partial}{\partial z}+\dfrac{(1-\bar{u}_{y_0})}{(\bar{u}-c)}\dfrac{\partial^2}{\partial z^2}+\dfrac{\bar{u}_{zz}-\bar{u}_{y_0z}}{(\bar{u}-c)}-\dfrac{\bar{u}_{y_0}+\bar{u}_z^2}{(\bar{u}-c)^2}\right]+\\ C_{y_0}\left[\dfrac{1}{(\bar{u}-c)}+\dfrac{\partial}{\partial y_0}+\bar{u}_z\dfrac{\partial}{\partial z}\right]+C_z\left[\dfrac{\bar{u}_z}{\bar{u}-c}+(\bar{u}-c)\dfrac{\partial}{\partial y_0}+\dfrac{(1-\bar{u}_{y_0})}{(\bar{u}-c)}\dfrac{\partial}{\partial z}\right]\\ C=\dfrac{1}{\rho_s(\bar{u}_{y_0}-1+\bar{u}_z^2)}\end{cases}$$

关于 ε 的二级近似：

$$\begin{cases}(\bar{u}-c)\dfrac{\partial u_1}{\partial x}+\left(\dfrac{\partial\bar{u}}{\partial y_0}-1\right)v_1+\dfrac{\partial\bar{u}}{\partial z}w_1+\dfrac{1}{\rho_s}\dfrac{\partial p_1}{\partial x}=-\dfrac{\partial u_0}{\partial t}\\ \dfrac{1}{\rho_s}\dfrac{\partial p_1}{\partial y_0}+u_1=0\\ \dfrac{1}{\rho_s}\dfrac{\partial p_1}{\partial z}-\theta_1=0\\ (\bar{u}-c)\dfrac{\partial\theta_1}{\partial x}+\dfrac{\partial\Theta}{\partial y_0}v_1+w_1=-\dfrac{\partial\theta_0}{\partial t}\\ \dfrac{\partial\rho_s u_1}{\partial x}+\dfrac{\partial\rho_s v_1}{\partial y_0}+\dfrac{\partial\rho_s w_1}{\partial z}=0\end{cases}\tag{5-23}$$

利用同样的方法，假设方程（5-23）的解为：

$$\begin{cases}u_{1x}=\tilde{u}_0(y_0,\ z)n_t(t,\ x,\ y)\\ v_1=\tilde{v}_0(y_0,\ z)n_t(t,\ x,\ y)\\ w_1=\tilde{w}_0(y_0,\ z)n_t(t,\ x,\ y)\\ \theta_{1x}=\tilde{\theta}_0(y_0,\ z)n_t(t,\ x,\ y)\\ p_{1x}=\tilde{p}_0(y_0,\ z)n_t(t,\ x,\ y)\end{cases}\tag{5-24}$$

将其代入方程（5-23）得到：

$$
\begin{cases}
(\bar{u}-c)\tilde{u}_0+\left(\dfrac{\partial \bar{u}}{\partial y_0}\right)\tilde{v}_0+\dfrac{\partial \bar{u}}{\partial z}\tilde{w}_0+\tilde{p}_0=-\tilde{u}_0 \\
\dfrac{\partial \tilde{p}_0}{\partial y_0}+\tilde{u}_0=0 \\
\dfrac{\partial \tilde{p}_0}{\partial z}-\tilde{\theta}_0=0
\end{cases}
$$

$$
\begin{cases}
(\bar{u}-c)\tilde{\theta}_0+\dfrac{\partial \theta}{\partial y_0}\tilde{v}_0+\tilde{w}_0=-\tilde{\theta}_0 \\
\tilde{u}_0+\dfrac{\partial \tilde{v}_0}{\partial y_0}+\dfrac{\partial \tilde{w}_0}{\partial z}=0
\end{cases}
\tag{5-25}
$$

显然方程（5-25）仍然不能确定重力孤立波模型，需要考虑 ε 的三级近似：

$$
\begin{cases}
(\bar{u}-c)\dfrac{\partial u_2}{\partial x}+\left(\dfrac{\partial \bar{u}}{\partial y_0}-1\right)v_2+\dfrac{\partial \bar{u}}{\partial z}w_2+\dfrac{1}{\rho_s}\dfrac{\partial p_2}{\partial x}= \\
-\dfrac{\partial u_1}{\partial t}-\alpha\dfrac{\partial u_0}{\partial x}-u_0\dfrac{\partial u_0}{\partial x}-v_0\dfrac{\partial u_0}{\partial y_0}-w_0\dfrac{\partial u_0}{\partial z} \\
\dfrac{1}{\rho_s}\dfrac{\partial p_2}{\partial y_0}+u_2=-\dfrac{1}{\rho_s}\dfrac{\partial p_0}{\partial y} \\
\dfrac{1}{\rho_s}\dfrac{\partial p_2}{\partial z}-\theta_2=0 \\
(\bar{u}-c)\dfrac{\partial \theta_2}{\partial x}+\dfrac{\partial \theta}{\partial y_0}v_2+w_2= \\
-\dfrac{\partial \theta_1}{\partial t}-\alpha\dfrac{\partial \theta_0}{\partial x}-u_0\dfrac{\partial \theta_0}{\partial x}-v_0\dfrac{\partial \theta_0}{\partial y_0} \\
\dfrac{\partial \rho_s u_2}{\partial x}+\dfrac{\partial \rho_s v_2}{\partial y_0}+\dfrac{\partial \rho_s w_2}{\partial z}=-\dfrac{\partial \rho_s v_0}{\partial y}
\end{cases}
\tag{5-26}
$$

并且令：

$$
A_1=\frac{\partial u_1}{\partial t}+\alpha\frac{\partial u_0}{\partial x}+u_0\frac{\partial u_0}{\partial x}+v_0\frac{\partial u_0}{\partial y_0}+w_0\frac{\partial u_0}{\partial z}\quad A_2=\frac{\partial p_0}{\partial y}
$$

$$A_3=\frac{\partial\theta_1}{\partial t}+\alpha\frac{\partial\theta_0}{\partial x}+u_0\frac{\partial\theta_0}{\partial x}+v_0\frac{\partial\theta_0}{\partial y_0}\quad A_4=\frac{\partial v_0}{\partial y}\tag{5-27}$$

消去方程（5-26）中 u_2、v_2、w_2、θ_2，得到关于 p_2 的方程如下：

$$\ell_{y_0,z}\left(\frac{\partial p_2}{\partial x}\right)=\ell_{1y_0,z}(A_1)+\ell_{2y_0,z}(A_2)+\ell_{3y_0,z}(A_3)-A_4\tag{5-28}$$

其中，

$$\begin{cases}\ell_{1y_0,z}=\rho_s\left[\dfrac{C}{(\bar{u}-c)}\dfrac{\partial}{\partial y_0}+\dfrac{C\bar{u}_z}{(\bar{u}-c)}\dfrac{\partial}{\partial z}+\dfrac{C\bar{u}_{zz}}{(\bar{u}-c)}+\dfrac{C(\bar{u}_{y_0}+\bar{u}_z^2)}{(\bar{u}-c)^2}+\dfrac{C_{y_0}}{(\bar{u}-c)}+\dfrac{C_z\bar{u}_z}{(\bar{u}-c)}\right]\\ \ell_{2y_0,z}=C\left(\dfrac{\partial}{\partial y_0}+\bar{u}_{zz}+\bar{u}_z\dfrac{\partial}{\partial z}\right)+C_{y_0}+C_z\bar{u}_z\\ \ell_{3y_0,z}=\rho_s\left[C\dfrac{C\bar{u}_{zy_0}}{\bar{u}-c}+\dfrac{\bar{u}_z}{(\bar{u}-c)}\dfrac{\partial}{\partial y_0}-\dfrac{C\bar{u}_{y_0}\bar{u}_z}{(\bar{u}-c)}-\dfrac{C\bar{u}_{y_0z}}{(\bar{u}-c)}+\dfrac{C(1-\bar{u}_{y_0})}{(\bar{u}-c)}\dfrac{\partial}{\partial z}-\right.\\ \qquad\left.\dfrac{C(1-\bar{u}_{y_0})\bar{u}_z}{(\bar{u}-c)^2}+\dfrac{C_y\bar{u}_z}{(\bar{u}-c)}+\dfrac{C_z(1-\bar{u}_{y_0})}{(\bar{u}-c)}\right]\end{cases}$$

将方程（5-21）和方程（5-24）代入方程（5-27）得到：

$$\begin{cases}A_{1x}=\tilde{u}_0n_{tt}+\alpha\tilde{u}_0n_{xx}+\dfrac{1}{2}(\tilde{u}_0^2+\tilde{v}_0\tilde{u}_{0y_0}+\tilde{w}_0\tilde{u}_{0z})(n^2)_{xx}\\ A_{2x}=\tilde{p}_0n_{xy}\\ A_{3x}=\tilde{\theta}_0n_{tt}+\alpha\tilde{\theta}_0n_{xx}+\dfrac{1}{2}(\tilde{u}_0\tilde{\theta}_0+\tilde{v}_0\tilde{\theta}_{0y_0})(n^2)_{xx}\\ A_{4x}=\tilde{v}_0n_{xxy}\end{cases}\tag{5-29}$$

于是得到：

$$\begin{aligned}\ell_{y_0,z}\left(\frac{\partial^2p_2}{\partial x^2}\right)&=\ell_{1y_0,z}(A_{1x})+\ell_{2y_0,z}(A_{2x})+\ell_{3y_0,z}(A_{3x})-A_{4x}=\\&[\ell_{1y_0,z}(\tilde{u}_0)+\ell_{3y_0,z}(\tilde{\theta}_0)]n_{tt}+\alpha[\ell_{1y_0,z}(\tilde{u}_0)+\ell_{3y_0,z}(\tilde{\theta}_0)]n_{xx}+\\&\frac{1}{2}[\ell_{1y_0,z}(\tilde{u}_0^2+\tilde{v}_0\tilde{u}_{0y_0}+\tilde{w}_0\tilde{u}_{0z})+\ell_{3y_0,z}(\tilde{u}_0\tilde{\theta}_0+\tilde{v}_0\tilde{\theta}_{0y_0})](n^2)_{xx}+\\&\ell_{2y_0,z}(\tilde{p}_0)n_{xy}-\tilde{v}_0n_{xxy}\end{aligned}\tag{5-30}$$

方程（5-22）和方程（5-28）的齐次项部分相同，进一步有：

$$\frac{\partial}{\partial x}\left\{\frac{\mathrm{d}}{\mathrm{d}y_0}\left[\frac{\partial p_2}{\partial x}\frac{\mathrm{d}\tilde{p}_0}{\mathrm{d}y_0}-\tilde{p}_0\frac{\mathrm{d}}{\mathrm{d}y_0}\left(\frac{\partial p_2}{\partial x}\right)\right]\right\}+\left[\ell^*_{y_0,z}(\tilde{p}_0)\frac{\partial^2 p_2}{\partial x^2}-\ell^*_{y_0,z}\left(\frac{\partial^2 p_2}{\partial x^2}\right)\tilde{p}_0\right]$$
$$=\tilde{p}_0\{[\ell_{1y_0,z}(\tilde{u}_0)+\ell_{3y_0,z}(\tilde{\theta}_0)]n_{tt}+\alpha[\ell_{1y_0,z}(\tilde{u}_0)+\ell_{3y_0,z}(\tilde{\theta}_0)]n_{xx}+$$
$$\frac{1}{2}[\ell_{1y_0,z}(\tilde{u}_0^2+\tilde{v}_0\tilde{u}_{0y_0}+\tilde{w}_0\tilde{u}_{0z})+\ell_{3y_0,z}(\tilde{u}_0\tilde{\theta}_0+\tilde{v}_0\tilde{\theta}_{0y_0})](n^2)_{xx}+$$
$$\ell_{2y_0,z}(\tilde{p}_0)n_{xy}-\tilde{v}_0n_{xxy}\} \tag{5-31}$$

其中，

$$\ell^*_{y_0,z}=-\frac{1}{\rho_s}\frac{\partial}{\partial y_0}+C\left[\left(\frac{1}{(\bar{u}-c)^2}+\bar{u}_{zz}\right)\frac{\partial}{\partial y_0}+2\bar{u}_z\frac{\partial^2}{\partial z\partial y_0}+\left(\bar{u}_{y_0z}+\frac{\bar{u}_z}{(\bar{u}-c)}+\frac{(1-\bar{u}_{y_0})\bar{u}_z}{(\bar{u}-c)^2}\right)\frac{\partial}{\partial z}\right]$$
$$+C\left[\frac{(1-\bar{u}_{y_0})}{(\bar{u}-c)}\frac{\partial^2}{\partial z^2}+\frac{\bar{u}_{zz}-\bar{u}_{y_0z}}{(\bar{u}-c)}-\frac{\bar{u}_{y_0}+\bar{u}_z^2}{(\bar{u}-c)^2}\right]+C_{y_0}\left[\frac{1}{(\bar{u}-c)}+\frac{\partial}{\partial y_0}+\bar{u}_z\frac{\partial}{\partial z}\right]$$
$$+C_z\left[(\bar{u}-c)\frac{\partial}{\partial y_0}+\frac{(1-\bar{u}_{y_0})}{(\bar{u}-c)}\frac{\partial}{\partial z}\right]$$

将方程（5-31）关于 y_0 从 0 到 h_0 进行积分，得到：

$$\int_{-\infty}^{+\infty}\frac{\partial}{\partial x}\left\{\left[\tilde{p}_0(h_0,\ z)\frac{\mathrm{d}}{\mathrm{d}y_0}\left(\frac{\partial p_2}{\partial x}\right)-\frac{\mathrm{d}\tilde{p}_0(h_0,\ z)}{\mathrm{d}y_0}\left(\frac{\partial p_2}{\partial x}\right)\right]\right\}\mathrm{d}z+$$
$$\int_{-\infty}^{+\infty}\int_0^{h_0}[\ell^*_{y_0,\ z}(\tilde{p}_0(h_0,\ z))\frac{\partial^2 p_2}{\partial x^2}-\ell^*_{y_0,\ z}\left(\frac{\partial^2 p_2}{\partial x^2}\right)\tilde{p}_0(h_0,\ z)]\mathrm{d}y_0\mathrm{d}z=$$
$$\int_{-\infty}^{+\infty}\int_0^{h_0}\tilde{p}_0\left\{[\ell_{1y_0,\ z}(\tilde{u}_0)+\ell_{3y_0,\ z}(\tilde{\theta}_0)]n_{tt}+\alpha[\ell_{1y_0,\ z}(\tilde{u}_0)+\ell_{3y_0,\ z}(\tilde{\theta}_0)]n_{xx}+\right.$$
$$\frac{1}{2}[\ell_{1y_0,z}(\tilde{u}_0^2+\tilde{v}_0\tilde{u}_{0y_0}+\tilde{w}_0\tilde{u}_{0z})+\ell_{3y_0,z}(\tilde{u}_0\tilde{\theta}_0+\tilde{v}_0\tilde{\theta}_{0y_0})](n^2)_{xx}+$$
$$\left.\ell_{2y_0,z}(\tilde{p}_0)n_{xy}-\tilde{v}_0n_{xxy}\right\}\mathrm{d}y_0\mathrm{d}z \tag{5-32}$$

其次，考虑在远离低空急流区 $y\geqslant h_0$，利用时空多尺度变换：

$$\frac{\partial}{\partial t^*}=\varepsilon^2\frac{\partial}{\partial t}-c\varepsilon\frac{\partial}{\partial X}\quad\frac{\partial}{\partial x^*}=\varepsilon\frac{\partial}{\partial X}\quad\frac{\partial}{\partial y^*}=\varepsilon\frac{\partial}{\partial y}\quad\frac{\partial}{\partial z^*}=\frac{\partial}{\partial z} \tag{5-33}$$

并且将 u^*、v^*、w、p^*、θ^* 写为如下形式：

$$u^*=\varepsilon^{\frac{3}{2}}U^*(X,\ y,\ z,\ t)\quad v^*=\varepsilon^{\frac{3}{2}}V^*(X,\ y,\ z,\ t)$$

$$w^* = \varepsilon^{\frac{3}{2}} W^*(X, y, z, t) \quad p^* = \varepsilon^{\frac{3}{2}} \boldsymbol{P}^*(X, y, z, t)$$

$$\theta^* = \varepsilon \Theta^*(X, y, z, t) \tag{5-34}$$

将方程（5-33）和方程（5-34）代入方程（5-4），得到：

$$\begin{cases} c\dfrac{\partial U^*}{\partial X} = \dfrac{1}{\rho_s}\dfrac{\partial \boldsymbol{P}^*}{\partial X} \\ c\dfrac{\partial V^*}{\partial X} = \dfrac{1}{\rho_s}\dfrac{\partial \boldsymbol{P}^*}{\partial y} \\ \dfrac{\partial U^*}{\partial X} + \dfrac{\partial V^*}{\partial y} = 0 \end{cases} \tag{5-35}$$

当 $c \neq 0$，由方程（5-34）得到关于 $\boldsymbol{P}^*$ 的拉普拉斯方程：

$$\frac{\partial^2 \boldsymbol{P}^*}{\partial X^2} + \frac{\partial^2 \boldsymbol{P}^*}{\partial y^2} = 0 \tag{5-36}$$

以及边界条件：

$$\begin{cases} \boldsymbol{P}^*(X, y, z, t) \to 0, & y \to \infty \\ \boldsymbol{P}^*(X, y, z, t) = \boldsymbol{P}_0^*(X, y, z, t), & y = h_0 \end{cases} \tag{5-37}$$

因此，通过求解方程（5-36）和方程（5-37）得到：

$$\boldsymbol{P}^*(X, y, z, t) = \frac{P_r}{\pi}\int_{-\infty}^{+\infty} \boldsymbol{P}_0^*(X', h_0, z, t) \frac{y - h_0}{(y - h_0)^2 + (X - X')^2} \mathrm{d}X' \tag{5-38}$$

其中，P_r 是方程（5-38）的柯西积分主值。对方程（5-38）的两边关于 y 求偏导，得：

$$\frac{\partial \boldsymbol{P}^*(X, y, z, t)}{\partial y} = \frac{\boldsymbol{P}_r}{\pi}\int_{-\infty}^{+\infty} P_0^*(X', h_0, z, t) \frac{[(X - X')^2 - (y - h_0)^2]}{[(y - h_0)^2 + (X - X')^2]^2} \mathrm{d}X' \tag{5-39}$$

考虑到在 $y = h_0$ 气压连续，并且将区域 $[0, h_0]$ 和 $[h_0, +\infty)$ 内的解进行匹配，得到：

$$\begin{cases}\varepsilon^{\frac{1}{2}}\dfrac{\partial p_0(x,\ h_0,\ z,\ t)}{\partial x}+\varepsilon\dfrac{\partial p_1(x,\ h_0,\ z,\ t)}{\partial x}+\varepsilon^{\frac{3}{2}}\dfrac{\partial p_2(x,\ h_0,\ z,\ t)}{\partial x}\\ =\varepsilon^{\frac{1}{2}}\dfrac{\partial \boldsymbol{P}^*(x,\ h_0,\ z,\ t)}{\partial x}+O(\varepsilon)\\ \varepsilon^{\frac{1}{2}}\dfrac{\partial^2 p_0(x,\ h_0,\ z,\ t)}{\partial x\partial y}+\varepsilon\dfrac{\partial^2 p_1(x,\ h_0,\ z,\ t)}{\partial x\partial y}+\varepsilon^{\frac{3}{2}}\dfrac{\partial^2 p_2(x,\ h_0,\ z,\ t)}{\partial x\partial y}\\ =\varepsilon^{\frac{1}{2}}\dfrac{\partial \boldsymbol{P}^*(x,\ h_0,\ z,\ t)}{\partial x\partial y}+O(\varepsilon^{\frac{3}{2}})\end{cases}$$

(5-40)

利用方程（5-39）得到如下方程：

$$n(t,\ x,\ y)\tilde{p}_0(h_0,\ z)=\boldsymbol{P}^*(x,\ h_0,\ z,\ t)\quad p_2(x,\ h_0,\ z,\ t)=0 \tag{5-41}$$

和

$$\frac{\partial^2\boldsymbol{P}^*}{\partial x\partial y}=\varepsilon\tilde{p}_0(h_0,\ z)\frac{\partial^3\mathcal{L}(n(t,\ x,\ y))}{\partial x^3} \tag{5-42}$$

其中，$\mathcal{L}(n(t,\ x,\ y))=\dfrac{P_r}{\pi}\int_{-\infty}^{+\infty}n(t,\ x',\ y)\ln|x-x'|\mathrm{d}x'$。进一步有：

$$\frac{\partial\tilde{p}_0}{\partial y}=0\quad \frac{\partial^2 p_2(x,\ h_0,\ z,\ t)}{\partial x\partial y}=\tilde{p}_0(h_0,\ z)\frac{\partial^3\mathcal{L}(n(t,\ x,\ y))}{\partial x^3} \tag{5-43}$$

以及边界条件：

$$\frac{\partial p_0}{\partial x}(x,\ 0,\ z,\ t)=\frac{\partial p_2}{\partial x}(x,\ 0,\ z,\ t)=0 \tag{5-44}$$

最后，将方程（5-43）和方程（5-44）代入方程（5-32），得到下列新方程：

$$n_{tt}+a_1n_{xx}+a_2(n^2)_{xx}+a_3n_{xy}+a_4n_{xxy}+a_5\frac{\partial^3}{\partial x^3}\mathcal{H}(n(t,\ x,\ y))=0 \tag{5-45}$$

其中，$\mathcal{H}(n(t,\ x,\ y))=\dfrac{P_r}{\pi}\int_{-\infty}^{+\infty}\dfrac{n(t,\ x',\ y)}{x-x'}\mathrm{d}x'$ 是 Hilbert 变换，且系数为：

$$\begin{cases} a_0 = \int_{-\infty}^{+\infty}\int_0^{h_0}\tilde{p}_0[\ell_{1y_0,z}(\tilde{u}_0) + \ell_{3y_0,z}(\tilde{\theta}_0)]\mathrm{d}y_0\mathrm{d}z \\ a_1 = \dfrac{1}{a_0}\int_{-\infty}^{+\infty}\int_0^{h_0}\tilde{p}_0\alpha[\ell_{1y_0,z}(\tilde{u}_0) + \ell_{3y_0,z}(\tilde{\theta}_0)]\mathrm{d}y_0\mathrm{d}z \\ a_2 = \dfrac{1}{2a_0}\int_{-\infty}^{+\infty}\int_0^{h_0}\tilde{p}_0[\ell_{1y_0,z}(\tilde{u}_0^2 + \tilde{v}_0\tilde{u}_{0y_0} + \tilde{w}_0\tilde{u}_{0z}) \\ \qquad + \ell_{3y_0,z}(\tilde{u}_0\tilde{\theta}_0 + \tilde{v}_0\tilde{\theta}_{0y_0})]\mathrm{d}y_0\mathrm{d}z \\ a_3 = \dfrac{1}{a_0}\int_{-\infty}^{+\infty}\int_0^{h_0}\tilde{p}_0\ell_{2y_0,z}(\tilde{p}_0)\mathrm{d}y_0\mathrm{d}z \\ a_4 = \dfrac{1}{a_0}\int_{-\infty}^{+\infty}\int_0^{h_0}\tilde{p}_0\tilde{v}_0\mathrm{d}y_0\mathrm{d}z \\ a_5 = \dfrac{1}{a_0}\int_{-\infty}^{+\infty}\int_0^{h_0}\tilde{p}_0(h_0,\ z)\mathrm{d}z \end{cases}$$

方程（5-45）是一个新的广义（2+1）维 Boussinesq-Benjamin-Ono（B-BO）方程，它刻画斜压大气压中代数重力孤立波在平面上传播，与实际大气中波动运动是一致的。另外，当 $\alpha_3 = \alpha_4 = 0$，且 Hilbert 变换限制为$\mathcal{H}(n(t,x))$时，方程（5-45）是（1+1）维 B-BO 方程，与文献［136］结果一样。

5.2.2　模型解释及演化机制分析

在新的（2+1）维广义 B-BO 方程（5-45）中，$\dfrac{\partial^3}{\partial x^3}\mathcal{H}(n)$ 表示频散效应，$(n^2)_{xx}$ 表示非线性效应，这表明（2+1）维广义 B-BO 方程包含重力孤立波的频散过程和非线性形成过程。在斜压大气中，频散过程与非线性过程的共同作用发生和演变的本质是飑线形成的主要原因。因此，通过对新模型进行研究，可以探索飑线天气现象形成的物理机制。由方程（5-45）的推导过程和系数表示可知，基本气流是代数重力孤立波频散和非线性作用的必要因素之一。

5.3 非线性重力孤立波广义（2+1）维时间分数阶 B-BO 模型

本节运用 Agrawal 方法、半逆方法和分数阶变分原理将已推导的整数阶方程（5-45）变换为广义（2+1）维时间分数阶 B-BO 模型。

5.3.1 理论模型推导

为了获得广义（2+1）维时间分数阶 B-BO 方程，根据广义（2+1）维 B-BO 方程（5-45），假设 $n(t, x, y)=m_x(t, x, y)$，其中 $m(t, x, y)$ 是势函数。于是，广义 B-BO 方程（5-45）的势方程为：

$$m_{xtt}+a_1 m_{xxx}+a_2(n^2)_{xx}+a_3 m_{xxy}+a_4 m_{xxxy}+a_5 \frac{\partial^3}{\partial x^3}\mathcal{H}(n(t, x, y))=0 \tag{5-46}$$

其中，$(n^2)_{xx}$ 和 $\frac{\partial^3}{\partial x^3}\mathcal{H}(n(t, x, y))$ 被视为固定函数。然后，势方程（5-46）表示如下：

$$J(m)=\int_R \mathrm{d}x\int_R \mathrm{d}y\int_T \mathrm{d}t\{m_x[c_1 m_{xtt}+c_2 a_1 m_{xxx}+c_3 a_2(n^2)_{xx}+ c_4 a_3 m_{xxy}+c_5 a_4 m_{xxxy}+c_6 a_5 \frac{\partial^3}{\partial x^3}\mathcal{H}(n(t, x, y))]\} \tag{5-47}$$

这里 $c_i(i=1, 2, 3, 4, 5)$ 是 Lagrange 乘子，并且它们的值待定；R 和 T 分别是空间的边界和时间的限制。

方程（5-47）利用分部积分的方法，且假设 $m_x|_T=m_t|_R=m_{xx}|_R=0$，则有：

$$J(m)=\int_R \mathrm{d}x\int_R \mathrm{d}y\int_T \mathrm{d}t I(m_x, m_{tx}, m_{xx}, m_{xy}) \tag{5-48}$$

其中，

$$I(m_x, m_{tx}, m_{xx}, m_{xy})=-c_1 m_{tx}^2-c_2 a_1 m_{xx}^2+c_3 a_2(n^2)_{xx} m_x-c_4 a_3 m_{xy}^2-$$

$$c_5a_4m_{xx}m_{xxy}+c_6a_5\frac{\partial^3}{\partial x^3}\mathcal{H}(n(t,\ x,\ y))m_x$$

方程（5-48）取变分：

$$\delta J(m)=\int_R \mathrm{d}x\int_R \mathrm{d}y\int_T \mathrm{d}t\left[\left(\frac{\partial I}{\partial m_x}\right)\delta m-\left(\frac{\partial I}{\partial m_{tx}}\right)\right.$$

$$\left.\delta m_t-\left(\frac{\partial I}{\partial m_{xx}}\right)\delta m_x-\left(\frac{\partial I}{\partial m_{xy}}\right)\delta m_x\right] \tag{5-49}$$

利用变分最优识别条件即 $\delta J(m)=0$，以及分部积分公式，得：

$$2c_1m_{xtt}+2c_2a_1m_{xxx}+c_3a_2(n^2)_{xx}+2c_4a_3m_{xxy}+c_5a_4m_{xxxy}+c_6a_5\frac{\partial^3}{\partial x^3}\mathcal{H}(n(t,\ x,\ y))=0 \tag{5-50}$$

由于方程（5-50）等价于方程（5-46），因此得到：

$$c_1=c_2=c_4=\frac{1}{2}\quad c_3=c_5=c_6=1$$

所以，（2+1）维整数阶 B-BO 方程的拉格朗日形式为：

$$I(m_x,\ m_{tx},\ m_{xx},\ m_{xy})=-\frac{1}{2}m_{tx}^2-\frac{1}{2}a_1m_{xx}^2+a_2(n^2)_{xx}m_x-\frac{1}{2}a_3m_{xy}^2$$

$$-a_4m_{xx}m_{xxy}+a_5\frac{\partial^3}{\partial x^3}\mathcal{H}(n(t,\ x,\ y))m_x \tag{5-51}$$

类似地，（2+1）维时间分数阶 B-BO 方程的拉格朗日形式表示为：

$$F(m_x,\ D_t^\alpha m_x,\ m_{xx},\ m_{xy})=-\frac{1}{2}(D_t^\alpha m_x)^2-\frac{1}{2}a_1m_{xx}^2+a_2(n^2)_{xx}m_x$$

$$-\frac{1}{2}a_3m_{xy}^2-a_4m_{xx}m_{xxy}+a_5\frac{\partial^3}{\partial x^3}\mathcal{H}(n(t,\ x,\ y))m_x \tag{5-52}$$

其中，$D_t^\alpha f=\frac{\partial^\alpha f}{\partial t^\alpha}$是 f 关于 t 的 Riemann-Lioucille 分数阶偏导数（见定义 5.1.3）。

因此方程（5-52）泛函写为：

$$J_F(m)=\int_R \mathrm{d}x\int_R \mathrm{d}y\int_T (\mathrm{d}t)^\alpha F(m_x,\ D_t^\alpha m_x,\ m_{xx},\ m_{xy}) \tag{5-53}$$

应用 Agrawal's 方法，函数（5-53）取变分后写为：

$$\delta J_F(m)=\int_R \mathrm{d}x\int_R \mathrm{d}y\int_T(\mathrm{d}t)^{\alpha}\left[-\left(\frac{\partial F}{\partial D_t^{\alpha}m_x}\right)\delta D_t^{\alpha}m+\left(\frac{\partial F}{\partial m_x}\right)\right.$$

$$\left.\delta m-\left(\frac{\partial F}{\partial m_{xx}}\right)\delta m_x-\left(\frac{\partial F}{\partial m_{xy}}\right)\delta m_x\right] \tag{5-54}$$

利用分数阶分部积分公式（5-10），以及文献［146］、［147］、［151］中方法，且$\delta m|_T=\delta m|_R=\delta m_x|_R=0$，有：

$$\delta J_F(m)=\int_R \mathrm{d}x\int_R \mathrm{d}y\int_T(\mathrm{d}t)^{\alpha}\left[-D_t^{\alpha}\left(\frac{\partial F}{\partial D_t^{\alpha}m_x}\right)+\left(\frac{\partial F}{\partial m_x}\right)\right.$$

$$\left.-\frac{\partial}{\partial x}\left(\frac{\partial F}{\partial m_{xx}}\right)-\frac{\partial}{\partial x}\left(\frac{\partial F}{\partial m_{xy}}\right)\right]\delta m \tag{5-55}$$

再利用分数阶变分原理最优条件 $\delta J_F(m)=0$。可得，（2+1）维时间分数阶 B-BO 方程的 Euler-Lagrange 方程为：

$$-D_t^{\alpha}\left(\frac{\partial F}{\partial D_t^{\alpha}m_x}\right)+\left(\frac{\partial F}{\partial m_x}\right)-\frac{\partial}{\partial x}\left(\frac{\partial F}{\partial m_{xx}}\right)-\frac{\partial}{\partial x}\left(\frac{\partial F}{\partial m_{xy}}\right)=0 \tag{5-56}$$

将方程（5-52）代入方程（5-56）得：

$$D_t^{\alpha\alpha}m_x+a_1m_{xxx}+a_2(n^2)_{xx}+a_3m_{xxy}+a_4m_{xxxy}+a_5\frac{\partial^3}{\partial x^3}\mathcal{H}(n(t,\ x,\ y))=0 \tag{5-57}$$

其中，$D_t^{\alpha\alpha}f=D_t^{\alpha}\,[D_t^{\alpha}f]$。再把势函数 $m_x(t,\ x,\ y)=n(t,\ x,\ y)$ 代入，但为了下文研究过程书写方便，在意义不变的情况下用 $u(t,\ x,\ y)$ 代替 $n(t,\ x,\ y)$，于是得到下列方程：

$$D_t^{\alpha\alpha}u+a_1u_{xx}+a_2(u^2)_{xx}+a_3u_{xy}+a_4u_{xxy}+a_5\frac{\partial^3}{\partial x^3}\mathcal{H}(u(t,\ x,\ y))=0 \tag{5-58}$$

方程（5-58）是广义（2+1）维时间分数阶 B-BO 方程，这是广义（2+1）维整数阶 B-BO 方程的推广，同时也是时间分数阶 BO 方程的推广。由于时间分数阶模型是非局部的，因此其在理论上比整数阶模型更适合描述斜压大气中代数重力孤立波的传播过程。

5.3.2　模型求解及方法

下面利用试探函数法，求解广义（2+1）维时间分数阶 B-BO 方程的精确解。

假设 $u=u(\eta)$，其中 $\eta=x+y-\dfrac{ct^{\alpha}}{\Gamma(1+\alpha)}$。将其代入方程（5-58）后得到下列常微分方程：

$$c^2u_{\eta\eta}+a_1u_{\eta\eta}+a_2(u^2)_{\eta\eta}+a_3u_{\eta\eta}+a_4u_{\eta\eta\eta}+a_5\mathcal{H}_{\eta\eta\eta}(u)=0 \tag{5-59}$$

对 η 积分两次并取积分常数为零，得到：

$$c^2u+a_1u+a_2u^2+a_3u+a_4u_{\eta}+a_5\mathcal{H}_{\eta}(u)=0 \tag{5-60}$$

假设方程（5-60）有下列形式解：

$$u(\eta,\ t)=\frac{\lambda\sigma^2}{\eta^2+\sigma^2} \tag{5-61}$$

将方程（5-61）代入方程（5-60）得：

$$\frac{c^2\lambda\sigma^2}{\eta^2+\sigma^2}+\frac{a_1\lambda\sigma^2}{\eta^2+\sigma^2}+\frac{a_2\lambda^2\sigma^4}{(\eta^2+\sigma^2)^2}+a_4\frac{\partial}{\partial\eta}\left(\frac{\lambda\sigma^2}{\eta^2+\sigma^2}\right)+a_5\frac{\partial}{\partial\eta}\left[\frac{\lambda\sigma^2\eta}{|\sigma|(\eta^2+\sigma^2)}\right]=0 \tag{5-62}$$

这里，

$$\mathcal{H}\left(\frac{1}{\eta^2+\sigma^2}\right)=\frac{1}{|\sigma|}\frac{\eta}{\eta^2+\sigma^2} \tag{5-63}$$

通过计算上述方程可以得到：

$$\begin{cases}|\sigma|=\dfrac{2(a_3+a_4+a_5)}{\lambda a_2}\\[2ex] c=\pm\sqrt{a_1+\dfrac{1}{2}\lambda a_2+a_3}\end{cases} \tag{5-64}$$

联立方程（5-61）和方程（5-64），得到方程（5-58）的代数孤立波解。由方程（5-64）可知，当 c 为正数时，重力孤波向右传播；当 c 为负数时，重力孤波向相反方向传播。这与真实的重力孤立波是沿着两个方向传播的相一致。

5.4 飑线天气现象形成机制的理论分析

本节主要探讨重力孤立波的裂变过程与飑线形成的非线性过程之间的联系，从理论上更好地解释飑线天气现象形成的物理机制。在上一节中，得到了广义（2+1）维时间分数阶 B-BO 方程的精确解。在研究重力孤立波演化过程方面，除了探求方程的解之外，守恒律也是动力学方程必须探索的重要问题。首先，应用变分原理推导广义（2+1）维时间分数阶 B-BO 方程的守恒律。其次，将守恒律和精确解结合起来研究重力孤立波裂变过程中孤立波与飑线的形成机制。

5.4.1 代数重力孤立波的守恒律

下面分析方程（5-58）的守恒律。引入一个新的变量 v 来构造如下公式：

$$\begin{cases} D_t^{\alpha} u = v_x \\ D_t^{\alpha} v = -[a_1 u_x + a_2 (u^2)_x + a_3 u_y + a_4 u_{xy} + a_5 \mathcal{H}_{xx}(u)] \end{cases} \tag{5-65}$$

令 $\psi=(u, v)$ 是一个截面，ψ 的第一个延拓表示为：

$P_1(\psi)=(x, y, t, u, v, u_x, v_x, u_y, D_t^{\alpha}u, D_t^{\alpha}v)$

式（5-65）的拉格朗日密度写成如下形式：

$$D(P_1(\psi))=L(P_1(\psi))\mathrm{d}x \wedge \mathrm{d}y \wedge \mathrm{d}t^{\alpha} \tag{5-66}$$

其中，

$$L(P_1(\psi)) = D_t^{\alpha} v u_x - D_t^{\alpha} u v_x - \frac{1}{2} v_x^2 - \frac{a_1}{2} u_x^2 - a_2 (u^2)_x - \frac{a_3}{2} u_y^2 + \frac{a_4}{2} u_{xy} u_x - a_5 \mathcal{H}_{xx}(u) u_x$$

结合拉格朗日密度，给出作用泛函：

$$A(\psi) = \int_S D(P_1(\psi)) \tag{5-67}$$

其中，S 是 X 的一个开集，$X=(x,\ y,\ t)$ 表示自变量空间，$U=(u,\ v)$ 表示因变量的空间。引入向量 J:

$$J=\tau(x,\ y,\ t)\frac{\partial^{\alpha}}{\partial t}+\xi(x,\ y,\ t)\frac{\partial}{\partial x}+\eta_1(x,\ y,\ t,\ u,\ v)\frac{\partial}{\partial u}+\eta_2(x,\ y,\ t,\ u,\ v)\frac{\partial}{\partial v}$$

把截面 ψ: $S\to U$ 变换为依赖于参数 κ 的截面族 ψ: $\tilde{S}\to U$。然后对作用泛函作变分如下：

$$\begin{aligned}\delta A &= \frac{\mathrm{d}}{\mathrm{d}\kappa}\bigg|_{\kappa=0} A(\tilde{\psi}) = \int_{\tilde{S}}(L(\tilde{p}_1(\psi)))\,\mathrm{d}\tilde{x}\wedge\mathrm{d}\tilde{y}\wedge\mathrm{d}\tilde{t}^{\alpha}\\ &= \int_{\tilde{S}} N\mathrm{d}x\wedge\mathrm{d}y\wedge\mathrm{d}t^{\alpha}+M \end{aligned}\tag{5-68}$$

其中，

$$\begin{aligned}N=&\tau\left[D_t^{\alpha}\left(\frac{1}{2}v_x^2+\frac{a_1}{2}u_x^2+a_2(u^2)_x+a_5\mathcal{H}_{xx}(u)\right)+D_x(-D_t^{\alpha}vu_x-D_t^{\alpha}uv_x)+\right.\\ &\left.\frac{1}{2}D_y(a_3u_y^2+a_4u_{xy}u_x)\right]+\xi\left[\frac{1}{2}D_t^{\alpha}(uv_x-vu_x)+D_x\left(D_t^{\alpha}vu_x-D_t^{\alpha}uv_x-\right.\right.\\ &\left.\left.\frac{1}{2}v_x^2-\frac{a_1}{2}u_x^2+a_2(u^2)_x+a_5\mathcal{H}_{xx}(u)\right)+\frac{1}{2}D_y(a_3u_y^2+a_4u_{xy}u_x)\right]+\\ &\eta_1(D_t^{\alpha}v+a_1u_x+a_2(u^2)_x+a_3u_y+a_4u_{xy}+a_5\mathcal{H}_{xx}(u))+\eta_2(D_t^{\alpha}u-v_x)\end{aligned}\tag{5-69}$$

$$\begin{aligned}M=&\int_{\tilde{S}}\left\{\tau\left[\left(\frac{1}{2}v_x^2+\frac{a_1}{2}u_x^2+a_2(u^2)_x+a_5\mathcal{H}_{xx}(u)\right)\mathrm{d}x+(D_t^{\alpha}vu_x+\right.\right.\\ &\left.D_t^{\alpha}uv_x)\mathrm{d}t^{\alpha}+\frac{1}{2}(a_3u_y^2+a_4u_{xy}u_x)\mathrm{d}y\right]+\xi\left[\frac{1}{2}(uv_x-vu_x)\mathrm{d}x-\left(D_t^{\alpha}vu_x-\right.\right.\\ &\left.D_t^{\alpha}uv_x-\frac{1}{2}v_x^2-\frac{a_1}{2}u_x^2+a_2(u^2)_x+a_5\mathcal{H}_{xx}(u)\right)\mathrm{d}t^{\alpha}+\frac{1}{2}(a_3u_y^2+\\ &\left.a_4u_{xy}u_x)\mathrm{d}y\right]+\eta_1\left(\frac{1}{2}v\mathrm{d}x+u_{xy}\mathrm{d}y-u_x\mathrm{d}t^{\alpha}\right)+\\ &\eta_2\left(-\frac{1}{2}u\mathrm{d}x-u_y\mathrm{d}y-v_x\mathrm{d}t^{\alpha}\right)\end{aligned}\tag{5-70}$$

如果τ、ξ、η_1、η_2 由紧集 S 支撑，那么 $M=0$。

令$|x|\to\infty$，得到守恒律：

$$E_1 = \int_{-\infty}^{+\infty} u\mathrm{d}x \quad \frac{\partial E_1}{\partial t} = 0 \tag{5-71}$$

其中，E_1 表示代数重力孤立波的质量，方程（5-71）表明代数重力孤立波的质量是守恒的。

当 $\delta A=0$，结合方程（5-68），由变量τ给出局部能量守恒律：

$$D_t^\alpha\left(\frac{1}{2}v_x^2+\frac{a_1}{2}u_x^2+a_2(u^2)_x+a_5\mathcal{H}_{xx}(u)\right)+D_x(-D_t^\alpha vu_x-D_t^\alpha uv_x)+$$

$$\frac{1}{2}D_y(a_3u_y^2+a_4u_{xy}u_x)=0$$

其中，

$$E_2 = \int_{-\infty}^{+\infty}\left(\frac{1}{2}v_x^2 + \frac{a_1}{2}u_x^2 + a_2(u^2)_x + a_5\mathcal{H}_{xx}(u)\right)\mathrm{d}x \quad \frac{\partial E_2}{\partial t} = 0 \tag{5-72}$$

上述方程表明代数重力孤立波的能量是守恒的。

由变量 ξ 给出动量守恒律：

$$\frac{1}{2}D_t^\alpha(uv_x-vu_x)+D_x\left(D_t^\alpha vu_x-D_t^\alpha uv_x-\frac{1}{2}v_x^2-\frac{a_1}{2}u_x^2+a_2(u^2)_x+a_5\mathcal{H}_{xx}(u)\right)+\frac{1}{2}D_y$$

$$(a_3u_y^2+a_4u_{xy}u_x)=0$$

其中，

$$E_3 = \frac{1}{2}\int_{-\infty}^{+\infty}(uv_x - vu_x)\mathrm{d}x \quad \frac{\partial E_3}{\partial t} = 0 \tag{5-73}$$

上述方程表明代数重力孤立波的动量是守恒的。

5.4.2 重力孤立波的裂变

下面结合守恒律和已获得的精确解，分析重力孤立波的振幅与初值关系。先给出初值：

$$u(\eta,\ 0)=\frac{\lambda_0\sigma_0^2}{\eta^2+\sigma_0^2} \tag{5-74}$$

不失一般性，假设重力孤立波由初始状态逐渐变为 N 个具有不同振幅和相位的孤立波列，表示如下：

$$u(\eta,\ t)=\sum_{n=1}^{N}\frac{\lambda_n\sigma_n^2}{(\eta-c_nt-\eta_n)^2+\sigma_n^2} \tag{5-75}$$

其中，

$$c_n^2=a_1+\frac{1}{2}\lambda_n a_2+a_3 \quad |\sigma_n|=\frac{2(a_3+a_4+a_5)}{\lambda_n a_2} \quad \sum_{n=1}^{N}\eta_n=0$$

根据方程（5-65）和方程（5-75），得到：

$$\begin{cases} u_t=\sum_{n=1}^{N}\dfrac{2\lambda_n\sigma_n^2c_n(\eta-c_nt-\eta_n)}{[(\eta-c_nt-\eta_n)^2+\sigma_n^2]^2} \\ v_x=\sum_{n=1}^{N}\dfrac{\lambda_n\sigma_n^2c_n}{(\eta-c_nt-\eta_n)^2+\sigma_n^2} \\ v=\sum_{n=1}^{N}\lambda_n\sigma_nc_n\pi \end{cases} \tag{5-76}$$

当$t=0$时，应用守恒律，由方程（5-74）和方程（5-76）计算守恒量E_1、E_2、E_3为：

$$\begin{cases} E_1=\pi\lambda_0\sigma_0 \\ E_2=(\pi^2+2\pi)\lambda_0^2\sigma_0 \\ E_3=\dfrac{(1+a_1-a_3-a_4-a_5+\lambda_0\sigma_0)\lambda_0^2\pi}{8} \end{cases} \tag{5-77}$$

在给定一段时间内，守恒量可以看作是每一个出现重力孤立波的守恒量总和。根据方程（5-71）至方程（5-73）和方程（5-75）、方程（5-76），有：

$$\begin{cases} E_1=\dfrac{2(a_3+a_4+a_5)\pi N}{a_2} \\ E_2=\dfrac{2(\pi^2+2\pi)(a_3+a_4+a_5)}{a_2n}\sum_{n=1}^{N}\lambda_n \\ E_3=\dfrac{(a_3+2a_4+2a_5)\pi}{8}\sum_{n=1}^{N}(\lambda_n)^2+\dfrac{(1+a_1)\pi}{8}\sum_{n=1}^{N}\dfrac{(\lambda_n)^2}{\sigma_n} \end{cases} \tag{5-78}$$

为了计算方程（5-77）和方程（5-78）中的相关量，考虑裂变为三个重力孤立波的情形（$N=3$），假设$\lambda_1>\lambda_2>\lambda_3$，$\sigma_0=0$，$a_i=1$，$i=1$，…，5，计算得：

$\lambda_0=6 \quad \lambda_1=8.3 \quad \lambda_2=3.5 \quad \lambda_3=2.1$。

5.4.3 飑线天气现象形成机制的理论分析

根据上面的计算结果，可以清楚地描述由裂变产生的两个代数重力孤波。用 $N=3$ 的图来演示代数重力孤波的裂变过程（见图 5.1 至图 5.3）。从图 5.1 中可以看出，由方程描述的孤立波正以固定的波速向前传播。在这种情况下，它与经典的 KdV 方程描述的孤立波一样，在大气中以脉冲特征稳定传播。这一结果与前人研究和观测一致，这种特征的代数重力孤立波在低空急流中可以观测到。

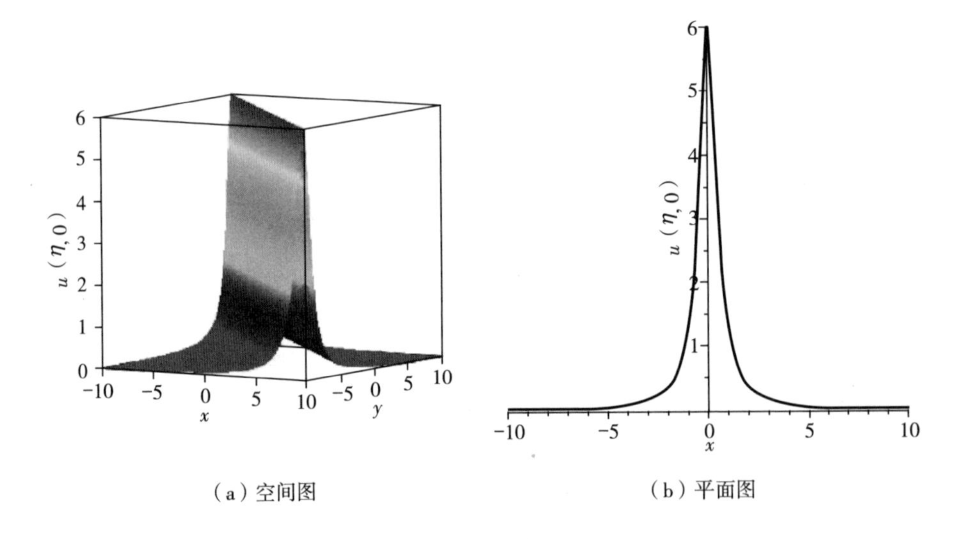

图 5.1 单个代数孤立波在 $t=0$ 时的演化

由方程（5-74）和方程（5-75）可以看出，代数重力孤立波的速度取决于孤立波的振幅。在一定条件下，重力孤立波的振幅越大，传播速度越快，它反映了大振幅的重力孤立波传播速度快的特点。根据守恒律，重力孤立波在传播过程中能量是守恒的。当重力孤立波的能量频散速度较慢时，长波重力孤立波的传播速度较快，短波重力孤立波传播速度较慢，甚至是

反向传播。当非线性能量和波能频散达到平衡时，大气中会形成稳定的代数重力孤立波。

从图 5.2 中可以看出，当扰动在一定范围内发生时，随着频散和非线性的变化，单个重力孤立波会被激发并分裂成多个稳定的孤立波和振荡波列。裂变后，几个重力孤立波根据其强度排列成阵列，强波在前，弱波在后，如图 5.3 所示。这与低空气流中观测到的飑线和飑线引起的雷暴雨群天气现象的形成是一致的。

由图 5.2 还可以看出，当扰动在一定范围内发生时，随着时间变化，单个重力孤立波分裂后孤立波波列按其振幅大小形成逐个递减的孤立波队列，即振幅大的孤立波在前，振幅小的孤立波在后，且孤立波波形“变陡”，如图 5.3 所示。

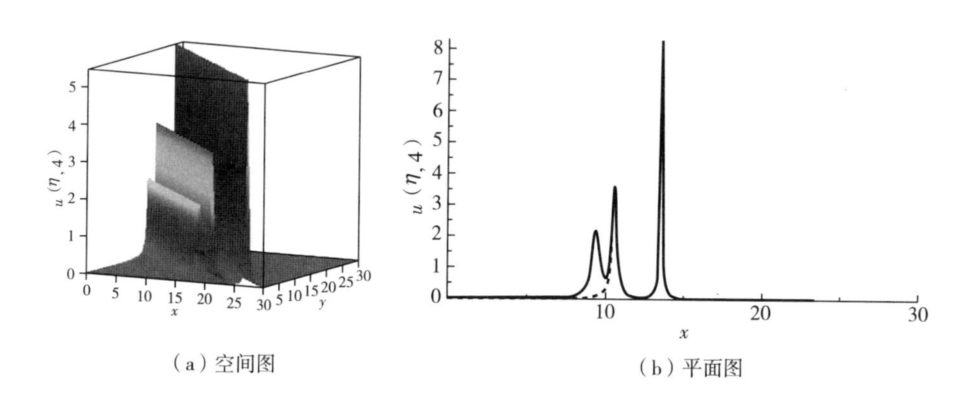

（a）空间图　　（b）平面图

图 5.2　单个代数孤立波在 $t=4$ 时的裂变演化

以上讨论表明，在斜压大气中扰动在有限范围内可以形成一系列孤立波。当扰动增强时，孤立波列的数量、强度和速度均增加，出现振幅递减孤波列。这与中纬度大气低空观测到的飑线雷暴群的形成是一致的。因此，在斜压非静力平衡大气中，飑线演化本质上是代数重力孤立波的非线性过程和频散过程的相互作用。

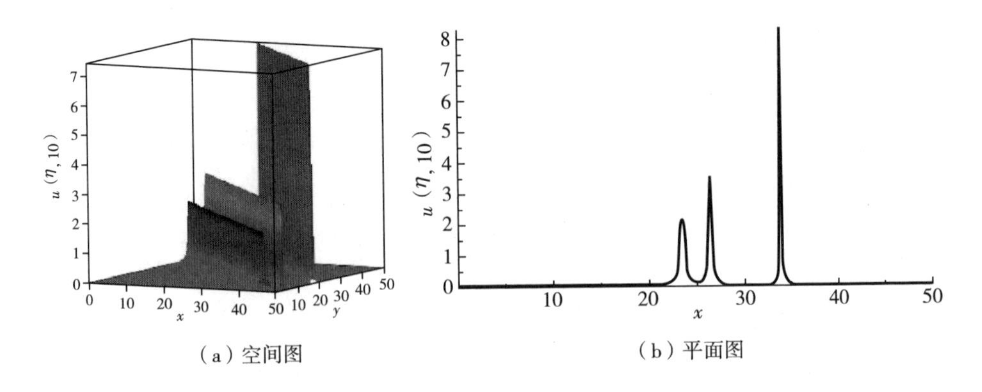

图 5.3　单个代数孤立波在 $t=10$ 时的裂变演化

5.5　非线性重力孤立波广义（2+1）维 KdV-mKdV-Burgers 模型

本节将介绍斜压大气中一种新的（2+1）维非线性重力孤立波模型。

5.5.1　理论模型推导

基于无量纲方程组（5-4），以及边界条件为：

$$\begin{cases} p^{*}=0 & y^{*}=0 \\ p^{*}\to 0 & y^{*}\to\infty \end{cases} \tag{5-79}$$

利用多尺度变换法和小参数摄动展开理论，推导非线性重力孤立波演化的广义（2+1）维 KdV-mKdV-Burgers 模型。

引入时空多尺度变换：

$$t=\varepsilon^{\frac{3}{2}}t^{*} \quad x=\varepsilon^{\frac{1}{2}}(x^{*}-ct^{*}) \quad y=\varepsilon y^{*} \quad z=z^{*}$$

进一步有：

$$\frac{\partial}{\partial t^*}=\varepsilon^{\frac{1}{2}}\left(\varepsilon\frac{\partial}{\partial t}-c\frac{\partial}{\partial x}\right)\quad \frac{\partial}{\partial x^*}=\varepsilon^{\frac{1}{2}}\frac{\partial}{\partial x}\quad \frac{\partial}{\partial y^*}=\varepsilon\frac{\partial}{\partial y}+\frac{\partial}{\partial y^*}\quad \frac{\partial}{\partial z^*}=\frac{\partial}{\partial z} \tag{5-80}$$

将 u^*、v^*、w^*、p^*、θ^* 作如下小参数展开：

$$\begin{aligned}
&u^*=U(y^*,\ z)+\varepsilon^{\frac{1}{2}}u_0+\varepsilon u_1+\varepsilon^{\frac{3}{2}}u_2+\cdots\\
&v^*=\varepsilon v_0+\varepsilon^{\frac{3}{2}}v_1+\varepsilon^2 v_2+\cdots\\
&w^*=\varepsilon w_0+\varepsilon^{\frac{3}{2}}w_1+\varepsilon^2 w_2+\cdots\\
&\theta^*=\Theta(y^*,\ z)+\varepsilon\theta_0+\varepsilon^{\frac{3}{2}}\theta_1+\varepsilon^2\theta_2+\cdots\\
&p^*=P(y^*,\ z)+\varepsilon p_0+\varepsilon^{\frac{3}{2}}p_1+\varepsilon^2 p_2+\cdots
\end{aligned} \tag{5-81}$$

其中，$P(y^*,\ z)$ 和 $\Theta(y^*,\ z)$ 是关于变量 y^* 和 z 的函数，分别表示基本气压和温位场。将方程（5-80）和方程（5-81）代入方程（5-4）得到 ε 各阶摄动方程：

$$O(\varepsilon^0):\begin{cases}\dfrac{1}{\rho_s}\dfrac{\partial P}{\partial y^*}+U=0\\[2ex]\dfrac{1}{\rho_s}\dfrac{\partial P}{\partial z}-\Theta=0\end{cases} \tag{5-82}$$

假设 $\left|\dfrac{1}{\rho_s^2}\dfrac{\partial p_s}{\partial y^*}\right|\ll 1$，方程（5-82）表明基本气流是静力平衡，进一步有 $\dfrac{\partial U}{\partial z}=-\dfrac{\partial\Theta}{\partial y^*}$。

$$O(\varepsilon^{\frac{1}{2}}):\begin{cases}(U-c)\dfrac{\partial u_0}{\partial x}+(U_{y^*}-1)v_0+U_z w_0+\dfrac{1}{\rho_s}\dfrac{\partial p_0}{\partial x}=0\\[2ex]\dfrac{1}{\rho_s}\dfrac{\partial p_0}{\partial y^*}+u_0=0\\[2ex]\dfrac{1}{\rho_s}\dfrac{\partial p_0}{\partial z}-\theta_0=0\\[2ex](U-c)\dfrac{\partial\theta_0}{\partial x}+\dfrac{\partial\Theta}{\partial y^*}v_0+w_0=0\\[2ex]\dfrac{\partial\rho_s u_0}{\partial x}+\dfrac{\partial\rho_s v_0}{\partial y^*}+\dfrac{\partial\rho_s w_0}{\partial z}=0\end{cases} \tag{5-83}$$

$$O(\varepsilon^1):\begin{cases}(U-c)\dfrac{\partial u_1}{\partial x}+(U_{y^*}-1)v_1+U_z w_1+\dfrac{1}{\rho_s}\dfrac{\partial p_1}{\partial x}=B_1\\ \dfrac{1}{\rho_s}\dfrac{\partial p_1}{\partial y^*}+u_1=B_2\\ \dfrac{1}{\rho_s}\dfrac{\partial p_1}{\partial z}-\theta_1=B_3\\ (U-c)\dfrac{\partial \theta_1}{\partial x}+\dfrac{\partial \Theta}{\partial y^*}v_1+w_1=B_4\\ \dfrac{\partial \rho_s u_1}{\partial x}+\dfrac{\partial \rho_s v_1}{\partial y^*}+\dfrac{\partial \rho_s w_1}{\partial z}=B_5\end{cases}\tag{5-84}$$

其中，$U_{y^*}=\dfrac{\partial U}{\partial y^*}$，$B_1=-\left[u_0\dfrac{\partial u_0}{\partial x}+v_0\dfrac{\partial u_0}{\partial y^*}+w_0\dfrac{\partial u_0}{\partial z}\right]$，$B_2=0$，$B_3=0$，$B_4=-\left[u_0\dfrac{\partial \theta_0}{\partial x}+v_0\dfrac{\partial \theta_0}{\partial y^*}\right]$，$B_5=0$。

$$O(\varepsilon^{\frac{3}{2}}):\begin{cases}(U-c)\dfrac{\partial u_2}{\partial x}+(U_{y^*}-1)v_2+U_z w_2+\dfrac{1}{\rho_s}\dfrac{\partial p_2}{\partial x}=C_1\\ \dfrac{1}{\rho_s}\dfrac{\partial p_2}{\partial y^*}+u_2=C_2\\ \dfrac{1}{\rho_s}\dfrac{\partial p_2}{\partial z}-\theta_2=C_3\\ (U-c)\dfrac{\partial \theta_2}{\partial x}+\dfrac{\partial \Theta}{\partial y^*}v_2+w_2=C_4\\ \dfrac{\partial \rho_s u_2}{\partial x}+\dfrac{\partial \rho_s v_2}{\partial y^*}+\dfrac{\partial \rho_s w_2}{\partial z}=C_5\end{cases}\tag{5-85}$$

这里，

$$\begin{cases}C_1=-\left[\dfrac{\partial u_0}{\partial t}+u_0\dfrac{\partial u_1}{\partial x}+u_1\dfrac{\partial u_0}{\partial x}+v_0\dfrac{\partial u_1}{\partial y^*}+v_1\dfrac{\partial u_0}{\partial y^*}+w_0\dfrac{\partial u_1}{\partial z}+w_1\dfrac{\partial u_0}{\partial z}\right]\\ C_2=-\left[(U-c)\dfrac{\partial v_0}{\partial x}+\dfrac{1}{\rho_s}\dfrac{\partial p_0}{\partial y}\right]\\ C_3=0\\ C_4=-\left[\dfrac{\partial \theta_0}{\partial t}+u_0\dfrac{\partial \theta_1}{\partial x}+u_1\dfrac{\partial \theta_0}{\partial x}+v_0\dfrac{\partial \theta_1}{\partial y^*}+v_1\dfrac{\partial \theta_0}{\partial y^*}\right]\\ C_5=-\left[\dfrac{\partial \rho_s v_0}{\partial y}+\dfrac{\partial \rho_s v_1}{\partial y^*}\right]\end{cases}\tag{5-86}$$

将方程（5-83）消去 u_0、v_0、w_0、θ_0 后，得到关于 p_0 的方程：

$$\ell\left(\frac{\partial p_0}{\partial x}\right)=0 \tag{5-87}$$

将方程（5-84）消去 u_1、v_1、w_1、θ_1 后，得到关于 p_1 的方程：

$$\ell\left(\frac{\partial p_1}{\partial x}\right)=\ell_1(B_1)+\ell_3(B_4) \tag{5-88}$$

将方程（5-85）消去 u_2、v_2、w_2、θ_2 后，得到关于 p_2 的方程：

$$\ell\left(\frac{\partial p_2}{\partial x}\right)=\ell_1(C_1)+\ell_2\left(\frac{\partial C_2}{\partial x}\right)+\ell_3(C_4)+C_5 \tag{5-89}$$

这里算子 ℓ、ℓ_1、ℓ_2、ℓ_3 分别为：

$$\begin{cases}\ell=\dfrac{\partial^2}{\partial y^{*2}}+\left(U_{zz}-\dfrac{1}{A}\right)\dfrac{\partial^2}{\partial z^2}+2U_z\dfrac{\partial^2}{\partial y^*\partial z}+\left(U_{zz}+\dfrac{A_z}{A}+\dfrac{A_{y^*}}{A}\right)\dfrac{\partial}{\partial y^*}- \\ \quad\dfrac{1}{U-c}\left\{\left(1+\dfrac{1}{A}\right)U_z+U_z^3-\dfrac{1}{A}[A(U-c)U_z^2]_z-\dfrac{1}{A}[A(U-c)U_z^2]_{y^*}\right\}\dfrac{\partial}{\partial z}- \\ \quad\dfrac{1}{U-c}\left(U_{zz}+\dfrac{A_z}{A}U_z+\dfrac{A_{y^*}}{A}\right) \\ \ell_1=\dfrac{\rho_s}{U-c}\left[U_{zz}+U_z\dfrac{\partial}{\partial z}+\dfrac{\partial}{\partial y^*}\right] \\ \ell_2=\dfrac{\rho_s}{A(U-c)}\left[1+U_{zz}+U_z\dfrac{\partial}{\partial z}+\dfrac{\partial}{\partial y^*}\right] \\ \ell_3=\dfrac{1}{A(U-c)}\left[\dfrac{\partial}{\partial z}-2\rho_sU_{zz}U_z+\rho_s\dfrac{\partial^2}{\partial y^*\partial z}\right] \\ A=[U_{y^*}-1+U_z^2]^{-1}\end{cases}$$

对于方程（5-87），利用分离变量法，令：

$$u_0=\tilde{u}_0(y^*,\ z)n \quad v_0=\tilde{v}_0(y^*,\ z)n_x \quad w_0=\tilde{w}_0(y^*,\ z)n_x$$

$$\theta_0=\tilde{\theta}_0(y^*,\ z)n \quad p_0=\tilde{p}_0(y^*,\ z)n \tag{5-90}$$

这里 $n=n(t,\ x,\ y)$，$n_x=\dfrac{\partial n}{\partial x}$。于是方程（5-87）变为：

$$\ell(\tilde{p}_0)=0 \tag{5-91}$$

对于方程（5-88），利用分离变量法，令：

$$u_1=\tilde{u}_1(y^*, z)\frac{n^2}{2} \quad v_1=\tilde{v}_1(y^*, z)nn_x \quad w_1=\tilde{w}_1(y^*, z)nn_x$$

$$\theta_1=\tilde{\theta}_1(y^*, z)\frac{n^2}{2} \quad p_1=\tilde{p}_1(y^*, z)\frac{n^2}{2} \tag{5-92}$$

于是方程（5-88）变为：

$$\ell(\tilde{p}_1)=-\ell_1(\tilde{u}_0^2+\tilde{v}_0\tilde{u}_{0y*}+\tilde{w}_0\tilde{u}_{0z})-\ell_3(\tilde{\theta}_0\tilde{u}_0+\tilde{\theta}_0\tilde{v}_0) \tag{5-93}$$

考虑到方程（5-87）、方程（5-88）和方程（55-89）的齐次部分相同，因此得到方程（5-89）的可解条件：

$$\int_{-\infty}^{+\infty}\int_0^{+\infty}\tilde{p}_0^*\left[\ell_1(C_1)+\ell_2\left(\frac{\partial C_2}{\partial x}\right)+\ell_3(C_4)+C_5\right]dy^*dz=0 \tag{5-94}$$

其中，$\tilde{p}_0^*$ 是 $\ell(\tilde{p}_0)=0$ 的共轭方程的解。

将方程（5-86）、方程（5-90）和方程（5-92）代入方程（5-94），得到一个新的方程（2+1）维方程：

$$n_t+a_1nn_x+a_2n^2n_x+a_3n_{xy}+a_4n_{xxx}=0 \tag{5-95}$$

其中，系数：

$$\begin{cases}a_1=\dfrac{1}{a}\displaystyle\int_{-\infty}^{+\infty}\int_0^{+\infty}\tilde{p}_0^*[\rho_s\tilde{v}_{1y*}]dy^*dz\\ a_2=\dfrac{1}{a}\displaystyle\int_{-\infty}^{+\infty}\int_0^{+\infty}\tilde{p}_0^*\left[\ell_1\left(\frac{3}{2}\tilde{u}_0\tilde{u}_1+\frac{1}{2}\tilde{v}_0\tilde{u}_{0y*}+\tilde{u}_1\tilde{u}_{0y*}+\frac{1}{2}\tilde{w}_0\tilde{u}_{1z}+\tilde{w}_0\tilde{u}_{0z}\right)+\right.\\ \qquad\left.\ell_3\left(\tilde{u}_0\tilde{\theta}_1+\frac{1}{2}\tilde{u}_1\tilde{\theta}_0+\frac{1}{2}\tilde{v}_0\tilde{\theta}_{1y*}+\tilde{v}_1\tilde{u}_{0y*}\right)\right]dy^*dz\\ a_3=\dfrac{1}{a}\displaystyle\int_{-\infty}^{+\infty}\int_0^{+\infty}\tilde{p}_0^*\left[\ell_2\left(\frac{1}{\rho_s}\tilde{p}_0\right)+\rho_s\tilde{v}_0\right]dy^*dz\\ a_4=\dfrac{1}{a}\displaystyle\int_{-\infty}^{+\infty}\int_0^{+\infty}\tilde{p}_0^*\ell_2[(U-c)\tilde{v}_0]dy^*dz\\ a=\displaystyle\int_{-\infty}^{+\infty}\int_0^{+\infty}\tilde{p}_0^*[\ell_1(\tilde{u}_0)+\ell_3(\tilde{\theta}_0)]dy^*dz\end{cases}$$

上述系数可以通过求解本征值方程（5-83）和方程（5-91）、方程（5-84）和方程（5-93）以及边界条件（5-79）得到。

注意：方程（5-95）是一个新的模型，是（1+1）维 KdV 和 mKdV 方程的推广，称为广义（2+1）维 KdV-mKdV-Burgers 方程，它是描述（2+1）维非线性重力波在斜压大气中演变的数学模型。

5.5.2　模型求解及方法

下面利用双曲函数展开法，对广义 KdV-mKdV-Burgers 方程（5-95）进行求解，假设：

$$n(t,\ x,\ y)=n(\zeta)\quad \zeta=kx+ly-\lambda t \tag{5-96}$$

将方程（5-96）代入方程（5-95），得到：

$$-\lambda n_\zeta+a_1knn_\zeta+a_2kn^2n_\zeta+a_3kln_{\zeta\zeta}+a_4k^3n_{\zeta\zeta\zeta}=0 \tag{5-97}$$

假设：

$$n(\zeta)=\sum_{i=0}^{M}b_i\tanh^i\zeta \tag{5-98}$$

其中，b_i 是待定常数。平衡最高阶导数项和最高阶非线性项，取 $M=1$。将方程（5-98）代入方程（5-97），解得：

$$\begin{cases}b_0=k\sqrt{-\dfrac{6a_4}{a_2}}\\ b_1=-\dfrac{a_1}{2a_2}-\dfrac{a_3l}{6a_4k}\sqrt{-\dfrac{6a_4}{a_2}}\\ \lambda=-\dfrac{a_1^2k}{4a_2}-\dfrac{a_3^2l^2}{6a_4k}\end{cases} \tag{5-99}$$

因此，得到方程（5-95）的解析解：

$$n(t,\ x,\ y)=k\sqrt{-\frac{6a_4}{a_2}}+\left(-\frac{a_1}{2a_2}-\frac{a_3l}{6a_4k}\sqrt{-\frac{6a_4}{a_2}}\right)\tanh(kx+ly-\lambda t) \tag{5-100}$$

5.5.3　模型解释及演化机制分析

方程（5-95）是文献［24］的推广，称为广义（2+1）维 KdV-mKdV-Burgers 方程，它是描述非线性重力孤立波在斜压大气中演化的数学模型。对于新方程（5-95），nn_x 和 n^2n_x 表示重力波非线性效应，n_{xy} 和 n_{xxx} 表示重力波频散效应，这表明新方程包含重力波的频散过程和非线性形成过程。由模型推导过程以及解析解（5-100）可知，大气的气压、位温和密度等均是重力孤立波形成的主要因素，也是频散和非线性共同作用的重要因素。在斜压大气中，频散过程与非线性过程的共同作用发生和演变的本质是飑线形成的主要原因。因此，通过对广义（2+1）维 KdV-mKdV-Burgers 模型研究，可以在理论上探索飑线天气现象形成的物理机制。

5.6 非线性重力孤立波广义（2+1）维 Burgers-Benjamin-Ono 模型

本节将介绍斜压大气中另外一种（2+1）维的非线性代数重力孤立波模型。

5.6.1 理论模型推导

基于无量纲方程组（5-4），采用时空坐标伸长变换法和小参数摄动展开理论，推导新的（2+1）维非线性代数重力孤立波模型。考虑基本气流在不同区域的强弱不同。因此假设基本气流为：

$$\bar{u}=\begin{cases}U(y^*,\ z^*) & y^*\in[0,\ h_0]\\ 常数 & y^*\in[h_0,\ \infty)\end{cases} \tag{5-101}$$

边界条件为：

$$\begin{cases}p^*=0 & y^*=0\\ p^*\to 0 & y^*\to\infty\end{cases} \tag{5-102}$$

首先，考虑在区域 $0\leqslant y^*\leqslant h_0$ 内，引入变换：

$$t=\varepsilon^2 t^* \quad x=\varepsilon(x^*-ct^*) \quad y=\varepsilon y^* \quad z=z^*$$

进一步有：

$$\frac{\partial}{\partial t^*}=\varepsilon\left(\varepsilon\frac{\partial}{\partial t}-c\frac{\partial}{\partial x}\right) \quad \frac{\partial}{\partial x^*}=\varepsilon\frac{\partial}{\partial x} \quad \frac{\partial}{\partial y^*}=\varepsilon\frac{\partial}{\partial y}+\frac{\partial}{\partial y^*} \quad \frac{\partial}{\partial z^*}=\frac{\partial}{\partial z} \tag{5-103}$$

将 u^*、v^*、w^*、p^*、θ^* 作如下小参数展开：

$$u^*=U(y^*,\ z)+\varepsilon u_0+\varepsilon^2 u_1+\varepsilon^3 u_2+\cdots$$

$$v^*=\varepsilon^2 v_0+\varepsilon^3 v_1+\varepsilon^4 v_2+\cdots$$

$$w^*=\varepsilon^2 w_0+\varepsilon^3 w_1+\varepsilon^4 w_2+\cdots \tag{5-104}$$

$$\theta^{*}=\Theta(y^{*},\ z)+\varepsilon\theta_0+\varepsilon^2\theta_1+\varepsilon^3\theta_2+\cdots$$

$$p^{*}=P(y^{*},\ z)+\varepsilon p_0+\varepsilon^2 p_1+\varepsilon^3 p_2+\cdots$$

其中，$P(y^{*},\ z)$ 和 $\Theta(y^{*},\ z)$ 分别表示基本气压和温位场。将方程（5-103）和方程（5-104）代入方程（5-4）得到 ε 各阶摄动方程：

$$O(\varepsilon^0):\begin{cases}\dfrac{1}{\rho_s}\dfrac{\partial P}{\partial y^{*}}+U=0\\ \dfrac{1}{\rho_s}\dfrac{\partial P}{\partial z}-\Theta=0\end{cases}\tag{5-105}$$

假设 $\left|\dfrac{1}{\rho_s^2}\dfrac{\partial p_s}{\partial y^{*}}\right|\ll 1$，方程（5-105）表明基本气流是静力平衡，进一步有 $\dfrac{\partial U}{\partial z}=-\dfrac{\partial \Theta}{\partial y^{*}}$。

$$O(\varepsilon^1):\begin{cases}(U-c)\dfrac{\partial u_0}{\partial x}+(U_{y^{*}}-1)v_0+U_z w_0+\dfrac{1}{\rho_s}\dfrac{\partial p_0}{\partial x}=0\\ \dfrac{1}{\rho_s}\dfrac{\partial p_0}{\partial y^{*}}+u_0=0\\ \dfrac{1}{\rho_s}\dfrac{\partial p_0}{\partial z}-\theta_0=0\\ (U-c)\dfrac{\partial \theta_0}{\partial x}+\dfrac{\partial \Theta}{\partial y^{*}}v_0+w_0=0\\ \dfrac{\partial \rho_s u_0}{\partial x}+\dfrac{\partial \rho_s v_0}{\partial y^{*}}+\dfrac{\partial \rho_s w_0}{\partial z}=0\end{cases}\tag{5-106}$$

$$O(\varepsilon^2):\begin{cases}(U-c)\dfrac{\partial u_1}{\partial x}+(U_{y^{*}}-1)v_1+U_z w_1+\dfrac{1}{\rho_s}\dfrac{\partial p_1}{\partial x}=B_1\\ \dfrac{1}{\rho_s}\dfrac{\partial p_1}{\partial y^{*}}+u_1=B_2\\ \dfrac{1}{\rho_s}\dfrac{\partial p_1}{\partial z}-\theta_1=B_3\\ (U-c)\dfrac{\partial \theta_1}{\partial x}+\dfrac{\partial \Theta}{\partial y^{*}}v_1+w_1=B_4\\ \dfrac{\partial \rho_s u_1}{\partial x}+\dfrac{\partial \rho_s v_1}{\partial y^{*}}+\dfrac{\partial \rho_s w_1}{\partial z}=B_5\end{cases}\tag{5-107}$$

其中，$U_{y^*}=\dfrac{\partial U}{\partial y^*}$，$B_1$、$B_2$、$B_3$、$B_4$、$B_5$ 为：

$$\begin{cases}B_1=-\left[\dfrac{\partial u_0}{\partial t}+u_0\dfrac{\partial u_0}{\partial x}+v_0\dfrac{\partial u_0}{\partial y^*}+w_0\dfrac{\partial u_0}{\partial z}\right]\\ B_1=-\dfrac{1}{\rho_s}\dfrac{\partial p_0}{\partial y}\\ B_3=0\\ B_4=\dfrac{\partial \theta_0}{\partial t}+u_0\dfrac{\partial \theta_0}{\partial x}+v_0\dfrac{\partial \theta_0}{\partial y^*}\\ B_5=\dfrac{\partial \rho_s v_0}{\partial y}\end{cases} \tag{5-108}$$

对于方程（5-106），令：

$$u_0=\tilde{u}_0(y^*,\ z)n\quad v_0=\tilde{v}_0(y^*,\ z)n_x\quad w_0=\tilde{w}_0(y^*,\ z)n_x$$

$$\theta_0=\tilde{\theta}_0(y^*,\ z)n\quad p_0=\tilde{p}_0(y^*,\ z)n \tag{5-109}$$

消去 u_0、v_0、w_0、θ_0 后，得到关于 p_0 的方程：

$$\ell(\tilde{p}_0)=0 \tag{5-110}$$

再将方程（5-107）消去 u_1、v_1、w_1、θ_1 后，得到关于 p_1 的方程：

$$\ell\left(\frac{\partial p_1}{\partial x}\right)=\ell_1(B_1)+\ell_2\left(\frac{\partial B_2}{\partial x}\right)+\ell_3(B_4)+B_5 \tag{5-111}$$

这里算子 ℓ、ℓ_1、ℓ_2、ℓ_3 与方程（5-89）相同。

联立方程（5-107）、方程（5-108）和方程（5-110），并考虑到它们齐次部分相同，因此：

$$\frac{\partial}{\partial x}\left[\frac{\partial}{\partial y^*}\left(p_1\frac{\partial \tilde{p}_0}{\partial y^*}-\tilde{p}_0\frac{\partial p_1}{\partial y^*}\right)\right]+\left[\frac{\partial p_1}{\partial x}\ell^*(\tilde{p}_0)-\tilde{p}_0\ell^*\left(\frac{\partial p_1}{\partial x}\right)\right]$$

$$=\tilde{p}_0\left[\ell_1(B_1)+\ell_2\left(\frac{\partial B_2}{\partial x}\right)+\ell_3(B_4)+B_5\right] \tag{5-112}$$

其中，算子 $\ell^*=\ell-\dfrac{\partial^2}{\partial y^{*2}}$。将方程（5-112）对 z 从 $-\infty$ 到 $+\infty$、对 y^* 从 0 到 h_0 进行积分，并考虑边界条件，得到：

$$\int_{-\infty}^{+\infty} \frac{\partial}{\partial x}\left[p_1 \frac{\partial \tilde{p}_0(h_0, z)}{\partial y^*} - \tilde{p}_0(h_0, z) \frac{\partial p_1}{\partial y^*}\right] \mathrm{d}z +$$

$$\int_{-\infty}^{+\infty}\int_0^{h_0}\left[\frac{\partial p_1}{\partial x}\ell^*(\tilde{p}_0) - \tilde{p}_0\ell^*\left(\frac{\partial p_1}{\partial x}\right)\right] \mathrm{d}y^*\mathrm{d}z$$

$$= \int_{-\infty}^{+\infty}\int_0^{h_0}\tilde{p}_0\left[\ell_1(B_1) + \ell_2\left(\frac{\partial B_2}{\partial x}\right) + \ell_3(B_4) + B_5\right] \mathrm{d}y^*\mathrm{d}z \tag{5-113}$$

其次，考虑在区域 $y^* \geq h_0$，引入变换：

$$\frac{\partial}{\partial t^*}=\varepsilon^{\frac{1}{2}}\left(\varepsilon \frac{\partial}{\partial t}-c \frac{\partial}{\partial x}\right) \quad \frac{\partial}{\partial x^*}=\varepsilon^{\frac{1}{2}}\frac{\partial}{\partial x} \quad \frac{\partial}{\partial y^*}=\varepsilon^{\frac{1}{2}}\frac{\partial}{\partial y^*} \quad \frac{\partial}{\partial z^*}=\frac{\partial}{\partial z} \tag{5-114}$$

将 u^*、v^*、w^*、p^*、θ^* 作如下展开：

$$u^*=\varepsilon^{\frac{3}{2}}U(t, x, y^*, z) \quad v^*=\varepsilon^{\frac{3}{2}}V(t, x, y^*, z)$$

$$w^*=\varepsilon^{\frac{3}{2}}W(t, x, y^*, z) \quad \theta^*=\varepsilon^{\frac{3}{2}}\Theta(t, x, y^*, z)$$

$$p^*=\varepsilon^{\frac{3}{2}}P(t, x, y^*, z) \tag{5-115}$$

将方程（5-114）和方程（5-115）代入方程（5-4），得到一级近似：

$$\begin{cases} c\dfrac{\partial U}{\partial x}=\rho_s \dfrac{\partial P}{\partial x} \\ c\dfrac{\partial V}{\partial x}=\rho_s \dfrac{\partial P}{\partial y^*} \\ \dfrac{\partial U}{\partial x}+\dfrac{\partial V}{\partial y^*}=0 \end{cases} \tag{5-116}$$

和边界条件：

$$\begin{cases} P(t, x, y^*, z)=P_0(t, x, y^*, z) & y^*=h_0 \\ P(t, x, y^*, z)\to 0 & y^*\to +\infty \end{cases} \tag{5-117}$$

由方程（5-116）进一步得到 Laplace 方程：

$$\frac{\partial^2 P}{\partial x^2}=\frac{\partial^2 P}{\partial y^{*2}} \tag{5-118}$$

方程（5-118）的解为：

$$P(t, x, y^*, z)=\frac{P_r}{\pi}\int_{-\infty}^{+\infty}P_0(t, \tau, h_0, z)\frac{y^*-h_0}{(y^*-h_0)^2+(x-\tau)^2}\mathrm{d}\tau \tag{5-119}$$

其中，P_r 是方程（5-118）的柯西积分主值。对方程（5-119）的两边关于 y^* 求偏导：

$$\left.\frac{\partial P}{\partial y^*}\right|_{y^*=h_0}=-\varepsilon^{\frac{1}{2}}\frac{P_r}{\pi}\frac{\partial}{\partial x}\int_{-\infty}^{+\infty}P_0(t,\ \tau,\ h_0,\ z)\frac{1}{x-\tau}\mathrm{d}\tau \tag{5-120}$$

由于气压 $y^*=h_0$ 处是连续的，将气压在［0，h_0］和［h_0，+∞）内的解进行匹配，因此：

$$\begin{cases}\left.\left[\varepsilon^2\dfrac{\partial P_0}{\partial x}+\varepsilon^3\dfrac{\partial P_1}{\partial x}+\varepsilon^4\dfrac{\partial P_2}{\partial x}\right]\right|_{y^*=h_0}=\varepsilon^2\dfrac{\partial P(t,\ x,\ h_0,\ z)}{\partial x}+o(\varepsilon^2)\\ \left.\left[\varepsilon^2\dfrac{\partial^2 P_0}{\partial x\partial y^*}+\varepsilon^3\dfrac{\partial^2 P_1}{\partial x\partial y^*}+\varepsilon^4\dfrac{\partial^2 P_2}{\partial x\partial y^*}\right]\right|_{y^*=h_0}=\varepsilon^2\dfrac{\partial^2 P(t,\ x,\ h_0,\ z)}{\partial x\partial y^*}+o(\varepsilon^2)\end{cases} \tag{5-121}$$

联立方程（5-119）、方程（5-120）和方程（5-121）可得：

$$P(t,\ x,\ h_0,\ z)=p_0=\tilde{p}_0(h_0,\ z)n(t,\ x,\ y)\quad P(t,\ x,\ h_0,\ z)=0$$

$$\frac{\partial^2 P(t,\ x,\ h_0,\ z)}{\partial x\partial y^*}=-\varepsilon\tilde{p}_0(h_0,\ z)\frac{P_r}{\pi}\frac{\partial^2}{\partial x^2}\int_{-\infty}^{+\infty}\frac{n(t,\ \tau,\ y)}{x-\tau}\mathrm{d}\tau \tag{5-122}$$

于是得到：

$$\frac{\partial\tilde{p}_0}{\partial x}=0\quad \frac{\partial^2 p_1(t,\ x,\ h_0,\ z)}{\partial x\partial y^*}=\tilde{p}_0(h_0,\ z)\frac{P_r}{\pi}\frac{\partial^2}{\partial x^2}\int_{-\infty}^{+\infty}\frac{n(t,\ \tau,\ y)}{x-\tau}\mathrm{d}\tau \tag{5-123}$$

以及边界条件：

$$\frac{\partial p_0}{\partial x}=\frac{\partial p_1}{\partial x}=0\quad y^*=0 \tag{5-124}$$

将方程（5-123）和方程（5-124）代入方程（5-113），并考虑到方程（5-110）和方程（5-112）齐次部分相同，得到一个新的模型方程：

$$n_t+a_1nn_x+a_2n_{xy}+a_3\frac{\partial^2}{\partial x^2}\mathcal{H}(n(t,\ x,\ y))=0 \tag{5-125}$$

其中，$\mathcal{H}(n(t,\ x,\ y))=\frac{P_r}{\pi}\int_{-\infty}^{+\infty}\frac{n(t,\ \tau,\ y)}{x-\tau}\mathrm{d}\tau$ 是 Hilbert 变换，且系数为：

$$
\begin{cases}
a = \int_{-\infty}^{+\infty}\int_{0}^{h_0} \tilde{p}_0 [\ell_1(\tilde{u}_0) + \ell_3(\tilde{\theta}_0)] \mathrm{d}y^* \mathrm{d}z \\
a_1 = \dfrac{1}{a}\int_{-\infty}^{+\infty}\int_{0}^{h_0} \tilde{p}_0^* \left[\ell_1(\tilde{u}_0^2) + \ell_2\left(\tilde{v}_0 \dfrac{\partial \tilde{u}_0}{\partial y^*}\right) + \right. \\
\qquad \left. \ell_3(\tilde{u}_0\tilde{\theta}_0) + \ell_3\left(\tilde{v}_0 \dfrac{\partial \tilde{\theta}_0}{\partial y^*}\right) \right] \mathrm{d}y^* \mathrm{d}z \\
a_2 = \dfrac{1}{a}\int_{-\infty}^{+\infty}\int_{0}^{h_0} \tilde{p}_0^* \left[\ell_2\left(\dfrac{1}{\rho_s}\tilde{p}_0\right) - \rho_s \tilde{v}_0 \right] \mathrm{d}y^* \mathrm{d}z \\
a_3 = \dfrac{1}{a}\int_{-\infty}^{+\infty} \tilde{p}_0(h_0, z) \mathrm{d}z
\end{cases}
$$

方程（5-125）是一个新的方程，是文献［129］的推广，称为广义（2+1）维 Burgers-Benjamin-Ono 方程（简称 B-B-O 方程），它是描述基本气流作用下高维非线性代数重力孤立波在斜压大气中演化的数学理论模型。

5.6.2 模型求解及方法

下面利用试探函数法对广义 B-B-O 方程（5-125）进行求解，假设：

$$
n(t, x, y) = n(\zeta) \quad \zeta = x + y - \lambda t \tag{5-126}
$$

将方程（5-126）代入方程（5-125），并对 ζ 积分一次，取积分常数为零，得到：

$$
\lambda n + \frac{1}{2} a_1 n^2 + a_2 n_\zeta + a_3 \mathcal{H}(n) = 0 \tag{5-127}
$$

假设：

$$
n(\zeta) = \frac{\gamma\sigma^2}{\zeta^2 + \sigma^2} \tag{5-128}
$$

其中，γ、σ 是待定常数。将方程（5-128）代入方程（5-127），并利用

$$
\mathcal{H}\left(\frac{1}{\zeta^2 + \sigma^2}\right) = \frac{\zeta}{|\sigma|(\zeta^2 + \sigma^2)}
$$

解得：

$$\begin{cases} |\sigma| = \dfrac{4a_3}{\gamma a_1} \\ \lambda = a_2 + \dfrac{\gamma a_1}{4} \end{cases} \tag{5-129}$$

其中，选取 γ 为非零常数。联立方程（5-126）、方程（5-128）和方程（5-129），可以得到方程（5-125）代数孤立波解。

5.6.3　模型解释及演化机制分析

对新模型（5-125）和求解结果进行理论分析，方程（5-125）中非线性项 nn_x 表示重力波非线性效应，$\frac{\partial^2}{\partial x^2}\mathcal{H}(n(t,\ x,\ y))$表示重力波频散效应，这表明新 B-B-O 方程模型包含重力波的频散过程和非线性形成过程。另外，由方程（5-110）和求解结果可知，基本气流是代数重力孤立波形成的主要因素，也是频散和非线性共同作用的重要因素之一。根据文献［24］，在斜压大气中，频散过程与非线性过程的共同作用发生和演变的本质是飑线形成的主要原因。因此，对新广义（2+1）维 B-B-O 模型进行研究，可以在理论上探索飑线天气现象形成的物理机制。

5.7　小结

本章介绍了斜压大气中非线性重力孤立波演化的广义（2+1）维 B-BO 模型、广义（2+1）维 KdV-mKdV-Burgers 模型和广义（2+1）维 B-B-O 模型，新的理论模型是（1+1）维模型的推广，它能够描述斜压大气中（2+1）维重力孤立波演化过程。通过广义（2+1）维时间分数阶 B-BO 模型，讨论了代数重力孤立波守恒定律和孤立波解，分析了重力孤立波的裂变过程，结合图形发现由扰动源激发的代数重力孤波裂变过程与大气中观测到的飑线、雷暴列阵形成相似，因此，利用广义（2+1）维时间分数阶 B-BO

方程所描述的代数重力孤立波来解释大气中飑线天气现象形成机制是可行的。另外，结合已有的研究结果，通过对理论模型和求解结果进行分析，表明本章中介绍的理论模型可以探索飑线天气现象的形成机制，研究内容能够为中尺度天气现象和实际天气预报提供理论依据。

参考文献

[1] Batchelor G K. An introduction to fluid dynamics [M] . New York: Cambridge University Press, 1967.

[2] Pedlosky J. Geophysical fluid dynamics [M] . Berlin: Springer-Verlag, Berlin and New York, 1979.

[3] Gill A E. Atmosphere-ocean dynamics [M] . New York: Academic Press, 1982.

[4] Holton J R. An introduction to dynamic Meteorology (Fourth Edition) [M] . New York: Elsevier Academic Press, 2004.

[5] 吴望一. 流体力学（上、下册）[M]. 北京：北京大学出版社，1983.

[6] 刘式适，刘式达. 大气动力学（第二版）[M]. 北京：北京大学出版社，2011.

[7] 朱抱真，金飞飞，刘征宇. 大气和海洋的非线性动力学概论[M]. 北京：气象出版社，1990.

[8] 余志豪，杨大升，贺海晏，柳崇健，蒋全荣. 地球物理流体动力学[M]. 北京：气象出版社，1996.

[9] Russell J S. Report on waves [J] . Report of the 14th meeting of the British Association for the Advancement of Science, 1844 (14): 331-390.

[10] Korteweg D J, Vries G de. On the change of form of long waves advancing in a rectangular canal, and on a new type of long stationary waves [J] . Phil. Mag., 1895 (39): 422-443.

[11] Rossby C G. Relation between variations in the intensity of the zonal circulation of the atmosphere and the displacements of the semi-permanent centers of action [J] . J. Marine. Res. , 1939 (2): 38-55.

[12] Chelton D B, Schlax M G. Global observations of oceanic Rossby wave [J] . Science, 1996 (272): 234-238.

[13] Dickinson R E. Rossby waves: Long-period oscillations of oceans and atmospheres [J] . Ann. Rev. Fluid. Mech. , 1978 (10): 159-195.

[14] Philander S G H. Forced oceanic waves [J] . Rev. Geophys. Space. Phys. , 1978, 16 (1): 15-46.

[15] Phillips N A. The general circulation of the atmosphere: A numerical experiment [J] . Quart. J. Roy. Meteor. Soc. , 1956 (82): 123-164.

[16] Platzman G W. The Rossby wave [J] . Quart. J. Roy. Meteor. Soc. , 1968 (94): 225-248.

[17] McWilliams J. C. An application of equivalent modons to atmospheric blocking [J] . Dyn. Atmos. Oceans. , 1980 (5): 43-66.

[18] Horel J D, Wallace J M. Planetary-scale atmospheric phenomena associated with the Southern Oscillation [J] . Mon. Weather. Rev. , 1981 (109): 813-829.

[19] Flierl G R. Baroclinic solitary waves with radial symmetry [J]. Dyn. Atmos. Oceans. , 1979 (3): 15-38.

[20] Allen S, Vincent R A. Gravity wave activity in the lower atmosphere: Seasonal and latitudinal variations [J] . J. Geophys. Res. , 1995, 100 (D1): 1327-1350.

[21] 李麦村. 大气中飑线形成的非线性过程与 KdV 方程 [J] . 中国科学, 1981 (3): 341-350.

[22] Li M C. The triggering effect of gravity waves on heavy rain [J]. Chin. J. Atmos. Sci. , 1978 (2): 201-209.

[23] 李麦村. 飑线形成的非线性过程 [J] . 中国科学, 1976 (6): 592-601.

[24] 李麦村, 薛纪善. 斜压大气中飑线的非线性过程与 KDV 方程

[J]．大气科学，1984，8（2）：143-152.

[25] Long R R. Solitary waves in the westerlies [J]．J. Atmos. Sci.，1964（21）：197-200.

[26] Benney D J. Long nonlinear waves in fluid flows [J]．J. Math. Phys.，1966，45（1）：52-63.

[27] Wadati M. The modified Korteweg - de Vries equation [J]. J. Phys. Soc. Japan.，1973，34（5）：1289-1296.

[28] Redekopp L G. On the theory of solitary Rossby waves [J]. J. Fluid. Mech.，1977，82（4）：725-745.

[29] Redekopp L G，Weidman P D. Solitary Rossby waves in zonal shear flows and their interactions [J]．J. Atmos. Sci.，1978，35（5）：790-804.

[30] Boyd J P. Equatorial solitary waves. Part1：Rossby solitons [J]. Dyn. Atmos. Oceans.，1980，10（11）：1699- 1718.

[31] Ono H. Algebraic Rossby wave soliton [J]．J. Phys. Soc. Japan.，1981，50（8）：2757-2761.

[32] 刘式适，刘式达．半地转近似下的非线性波 [J]．气象学报，1987，45（3）：258-265.

[33] 何建中．纬向切变基流中的非线性正压 Rossby 波 [J]．气象学报，1994，52（4）：433-441.

[34] 赵强，刘式达，刘式适．切变基本纬向气流中非线性赤道 Rossby 长波 [J]．地球物理学报，2000，43（6）：746-753.

[35] 赵强，刘式达，刘式适．切变基本纬向气流中非线性赤道 Rossby 包络孤立波 [J]．大气科学，2001，25（1）：133-141.

[36] Charney J G，Eliassen A. A numerical method for predicicting the perturbations of the middle latitude westerlies [J]．Tellus，1949，1（2）：38-54.

[37] Bolin B. On the influence of the Earth's orography on the general character of the westerlies [J]．Tellus，1950，2（3）：184-195.

[38] 吕克利．大地形与正压 Rossby 波的稳定性 [J]．气象学报，1986，44（3）：275-281.

[39] 吕克利．大地形与正压 Rossby 孤立波 [J]．气象学报，1987，45

(3)：287-273.

［40］吕克利，朱永春．大地形对 Rossby 波波射线的影响［J］．气象学报，1994，54（4）：405-413.

［41］蒋后硕，吕克利．切变气流中地形强迫激发的非线性长波［J］．高原气象，1998，17（3）：231-244.

［42］Meng L，Lv K L. Dissipation and algebraic solitary long-wave excited by localized topography［J］．Chin. J. Comput. Phys.，2002，19（2）：259-267.

［43］Meng L，Lv K L. Nonlinear long-wave disturbances excited by localized forcing［J］．Chin. J. Comput. Phys.，2000，17（3）：259-267.

［44］刘式适，谭本馗．地形作用下的非线性 Rossby 波［J］．应用数学和力学，1988，9（3）：229-240.

［45］朱开成，王琴，李湘如．地形强迫下的非线性 Rossby 波［J］．高原气象，1991，10（3）：233-240.

［46］何建中．地形与纬向切变气流中的非线性 Rossby 波［J］．热带气象学报，1993，9（2）：177-184.

［47］赵平，孙淑清．纬向气流对地形 Rossby 波的影响［J］．气象学报，1991，49（3）：300-307.

［48］赵强．地形对热带大气超长尺度 Rossby 波动的影响［J］．热带气象学报，1997，13（2）：140-145.

［49］刘式适，谭本馗．考虑 β 变化 Rossby 波［J］．应用数学和力学，1992，13（10）：35-44.

［50］罗德海．考虑 β 随纬度变化下的 Rossby 孤立波与偶极子阻塞［J］．应用气象学报，1995，6（2）：221-227.

［51］Song J，Yang L G. Modified KdV equation for solitary Rossby waves with β effect in barotropic fluids［J］．Chin. Phys B.，2009，18（7）：2873-2877.

［52］赵波，杨联贵，宋健．旋转层结流体中垂直切变基本流、β 效应、地形效应和强迫耗散共同作用下的 Rossby 波［J］．应用数学，2017，30（2）：424-433.

[53] 张瑞岗，杨联贵，宋健，尹晓军．地形作用下的近赤道非线性 Rossby 波［J］．地球物理学进展，2017，32（4）：1532-1538.

[54] Yang L G，Da C J，Song J，et al. Rossby waves with linear topography in barotropic fluids［J］. Chin. J. Ocean. Limn.，2008，26（3）：334-338.

[55] 达朝究，丑纪范．缓变地形下 Rossby 波振幅演变满足的带有强迫项的 mKdV 方程［J］．物理学报，2008，57（4）：2595-2599.

[56] 宋健，杨联贵，刘全生．缓变地形下 β 效应 Rossby 代数孤立波［J］．地球物理学进展，2013，28（4）：1684-1688.

[57] 宋健，刘全生，杨联贵．切变纬向流中 β 效应与缓变地形 Rossby 波［J］．物理学报，2012，61（21）：210510.

[58] 宋健，杨联贵，刘全生．缓变下垫面和耗散作用下的非线 Rossb 波［J］．物理学报，2014，63（6）：060401.

[59] Yang H W，Yin B S，Shi Y L. Forced dissipative Boussinesq equation for solitary waves excited by unstable topography［J］. Nonlinear. Dyn.，2012，70（2）：1389-1396.

[60] Yang H W，Yin B S，Dong H H，Ma Z D. Generation of solitary Rossby waves by unstable topography［J］. Commun. Theor. Phys.，2012，57（3）：473-476.

[61] Zhao B J，Wang R Y，Fang Q，Sun W J，Zhan T M. Rossby solitary waves excited by unstable topography in weak shear flow［J］. Nonlinear. Dyn.，2017（90）：889-897.

[62] Zhang R G，Yang L G，Liu Q S，Yin X J. Dynamics of nonlinear Rossby waves in zonally varying flow with spatial-temporal varying topography［J］. Appl. Math. Comput.，2019（346）：666-679.

[63] Warn T，Brasnett B. The amplification and capture of atmospheric solitons by topography：A theory of the onset of regional blocking［J］. J. Atmos. Sci.，1983，40（1）：28-38.

[64] 刘式适，刘式达．数学物理中的非线性方程（第二版）［M］．北京：北京大学出版社，2012.

[65] Fu Z T，Liu S K，Liu S D，Zhao Q. New Jacobi elliptic function ex-

pansion and new periodic solutions of nonlinear wave equations [J] . Phys. Lett A., 2001, 290 (2) : 72-76.

[66] 陈利国，杨联贵. 推广的 β 平面近似下带有外源和耗散强迫的非线性 Boussinesq 方程及其孤立波解 [J] . 应用数学和力学，2020，41 (1)：98-106.

[67] Hong B J, Lu D C. New exact solutions for the generalized variable-coefficient Gardner equation with forcing term [J] . Appl. Math. Comput., 2012 (219): 2732-2738.

[68] Gottwald G A. The Zakharov-kuznetsov equation as a two-dimensional model for nonlinear Rossby wave [J/OL] . 2003, arXiv: nlin/0312009.

[69] Yang H W, Xu Z H, Yang D Z, Feng X R, Yin B S, Dong H H. ZK-Burgers equation for three-dimensional Rossby solitary waves and its solutions as well as chirp effect [J/OL] . Adv. Differ. Equ., 2016, doi: 10.1186/s13662-016-0901-8.

[70] Zhang R G, Yang L G, Song J, Liu Q S. (2+1) dimensional nonlinear Rossby solitary waves under the effects of generalized beta and slowly varying topography [J] . Nonlinear. Dyn., 2017 (90): 815-822.

[71] Zhang R G, Yang L G, Song J, Yang H L. (2+1) dimensional Rossby waves with complete Coriolis force and its solution by homotopy perturbation method [J] . Comput. Math. App., 2017 (73): 1996-2003.

[72] Zhang R G, Yang L G. Nonlinera Rossby waves in zonally varying flow under generalized beta approximation [J] . Dyna. Atmos. Oceans., 2019 (85): 16-27.

[73] Zhang R G, Liu Q S, Yang L G. New model and dynamics of higher-dimensional nonlinear Rossby waves [J] . Mod. Phys. Lett B., 2019: 1950342.

[74] 尹晓军，杨联贵，刘全生，张瑞岗. 完整 Coriolis 作用下的二维非线性 Rossby 波 [J] . 地球物理学进展，2017，32 (6)：2404.

[75] 尹晓军，杨联贵，刘全生，苏金梅，吴国荣. 完整 Coriolis 作用下带有外源强迫的非线性 ZK 方程 [J] . 高校应用数学报，2017，32 (4)：423-430.

[76] Liu. Q S, Zhang R G, Yang L G, Song J. A new model equation for nonlinear Rossby waves and some of its solutions [J/OL]. Phys. Lett A., 2019, doi: 10.1016/j.physleta.2018.10.052.

[77] Chen L G, Yang L G, Zhang R G, Cui J F. Generalized (2+1) - Dimensional mKdV-Burgers equation and its solution by modified hyperbolic function expansion method [J]. Results. Phys., 2019 (13): 102280.

[78] Chen L G, Gao F F, Li L L., Yang L G. A new three dimensional dissipative Boussinesq equation for Rossby waves and its multiple soliton solutions [J]. Results. Phys., 2021 (26): 104389.

[79] Kudryashov N A. On "new travelling wave solutions" of the KdV and the KdV - Burgers equations [J]. Commun. Non. Sci. Numer. Simul, 2009 (14): 1891-1900.

[80] Kudryashov N A. One method for finding exact solutions of nonlinear differential equations [J]. Commun. Non. Sci. Numer. Simul, 2012 (17): 2248-2253.

[81] Kudryashov N A. Simplest equation method to look for exact solutions of nonlinear differential equations [J]. Chaos. Solitons. Fractals, 2005 (24): 1217-1231.

[82] Abdel Rady A S, Osman E S, Khalfallah M. On soliton solutions of the (2+1) -dimensional Boussinesq equation [J]. Appl. Math. Comput, 2012 (219): 3414-3419.

[83] Kudryashov N A. Seven common errors in finding exact solutions of nonlinear differential equations [J]. Commun. Non. Sci. Numer. Simul, 2009 (14): 3507-3529.

[84] Chen Y, Yan Z Y, Zhang H G. New explicit solitary wave solutions for (2+1) -dimensional Boussinesq equation and (2+1) -dimensional KP equation [J]. Phys. Lett A., 2003 (307): 107-113.

[85] Meng L, Lv K L. Influences of dissipation on interaction of solitary wave with localized topography [J]. Chin. J. Comput. Phys., 2002, 19 (4): 349-356.

[86] 李少峰，杨联贵，宋健．层结流体中在热外源和β效应地形效应作用下的非线性 Rossby 孤立波和非齐次 Schrödinger 方程 [J]．物理学报，2015，64（19）：199-201.

[87] Yang H W，Wang X R，Yin B S. A kind of new algebraic Rossby solitary waves generated by periodic external source [J]. Nonlinear. Dyn.，2014，76（3）：1725-1735.

[88] Yang H. W.，Jin S. S.，Yin B. S.. Benjamin-Ono-Burgers-mKdV equation for algebraic Rossby solitary waves in stratified fluids and conservation law [J]. Abstr. Appl. Anal.，2014：175841.

[89] 吕克利，蒋后硕．近共振地形强迫 Rossby 孤立波 [J]．气象学报，1996，54（2）：142-153.

[90] 刘全生，宋健，杨联贵．Coriolis 力作用下的β效应与层结效应的 Rossby 孤立波 [J]．地球物理学进展，2014，29（1）：57-60.

[91] Yang H W，Chen X，Guo M，Chen Y D. A new ZK-BO equation for three-dimensional algebraic Rossby solitary waves and its solution as well as fission property [J]. Nonlinear. Dyn.，2018，91（3）：2019-2032.

[92] Zhao B J，Wang R Y，Sun J W，Yang H W. Combined ZK-mZK equation for Rossby solitary waves with complete Coriolis force and its conservation laws as well as exact solution [J]. Adv. Differ. Equ.，2016，2016：167.

[93] 陈利国，杨联贵，张佳琦，王洁．层结流体中带有耗散和地形强迫的非线性 Boussines 方程及其解 [J]．应用数学，2020，33（2）：373-380.

[94] Chen L G，Yang L G，Zhang R G，Liu Q S，Cui J F. A（2+1）-dimensional nonlinear model for Rossby waves in stratified fluids and its solitary solution [J]. Commun. Theor. Phys.，2020（72）：045004.

[95] He J H. Application of homotopy perturbation method to nonlinear wave equation [J]. Chaos. Solitons. Fractals，2005，26（3）：695-700.

[96] Sweilam N H，Khader M M. Exact solutions of some coupled nonlinear partial differential equations using the homotopy perturbation method [J]. Comput. Math. App.，2009（58）：2134-2141.

[97] Kuo C K. The new exact solitary and multi-soliton solutions for the (2+1) - dimensional Zakharov - Kuznetsov equation [J]. Comput. Math. App., 2018 (75): 2851-2857.

[98] Lamb H.. Hydrodynamics [M]. New York: Cambridge University, 1932.

[99] 方欣华，杜涛．海洋内波基础和中国海内波［M］．青岛：中国海洋大学出版社，2005.

[100] 李麦村，罗哲贤．大气环流形态的分支现象［J］．大气科学，1984 (8): 161-169.

[101] 李麦村，罗哲贤．湿过程对北半球夏季大气环流低频振荡的影响［J］．中国科学（B 辑），1986 (16): 320-327.

[102] Hukuda H. Solitary Rossby waves in a two-layer system [J]. Tellus, 1979 (31): 161-169.

[103] Pedlosky J. Baroclinic instability in two layer systems [J]. Tellus, 1963, 15 (1): 20-25.

[104] Pedlosky J. Finit-Amplitude Baroclinic Waves [J]. J. Atmos. Sci., 1970 (27): 15-29.

[105] Pedlosky J. Resonant topography waves in barotropic and baroclinic flows [J]. J. Atmos. Sci., 1981 (38): 2626-2641.

[106] Pedlosky J. The effect of β on the chaotic behavior of unstable baroclinic waves [J]. J. Atmos. Sci., 1981 (38): 717-731.

[107] Pedlosky J, Polvani L M. Wave - wave interaction of unstable baroclinic waves [J]. J. Atmos. Sci., 1987, 44 (3): 631-647.

[108] Pedlosky J. Baroclinic instability localized by dissipation [J]. J. Atmos. Sci., 1992, 49 (3): 1161-1169.

[109] Pedlosky J. The effect of β on the downstream development of unstable, chaotic baroclinic waves [J]. J. Phys. Ocean., 2019 (49): 2337-2343.

[110] 吕克利．N 层模式大气中的斜压孤立 Rossby 波［J］．大气科学，1991, 15 (6): 53-62.

[111] Tan B K, Liu S K. Collision interaction of solitons in a baroclinic atmosphere [J]. J. Atmos. Sci., 1995 (53): 1501-1512.

[112] Gottwald G A, Grimshaw R. The formation of coherent structures in the context of blocking [J] . J. Atmos. Sci. , 1999 (56): 3640-3662.

[113] Gottwald G A, Grimshaw R. The effect of topography on the dynamics of interacting solitary waves in the context of atmospheric blocking [J]. J. Atmos. Sci. , 1999 (56): 3663-3678.

[114] 陶建军. 斜压罗斯贝波非线性问题研究 [J] . 气象学报, 1997, 55 (1): 110-116.

[115] Lou S Y, Tong B, Hu H C, Tang X Y. Coupled KdV equations derived from two-layer fluids [J] . J. Phys. Math. Gen. , 2005 (38): 1-15.

[116] Fu L, Chen Y D, Yang H W. Time-Space Fractional Coupled Generalized Zakharov- Kuznetsov Equations Set for Rossby Solitary Waves in Two-Layer Fluids [J/OL] . Mathematics, 2019, doi: 10. 3390/math7010041.

[117] Zhang J Q, Zhang R G, Yang L G, Liu Q S, Chen L G. Coherent structures of nonlinear barotropic-baroclinic interaction in unequal depth two-layer model [J] . Appl. Math. Comput, 2021 (408): 126347.

[118] Zuo J M, Zhang Y M. Application of the (G /G) -expansion method to solve coupled MKdV equations and coupled Hirota-Satsuma coupled KdV equations [J] . Appl. Math. Comput. , 2011 (217): 5936-5941.

[119] Wazwaz A M. Partial differential equations and solitary waves theory [M] . Higher Education Press, Beijing and Springer-Verlag Berlin Heidelberg, 2009.

[120] Hines C O. Internal atmospheric gravity waves at ionospheric heights [J] . Can. J. Phys. , 1960 (38): 1441-1481.

[121] Prusa J M. Propagation and breaking at high altitudes of gravity waves excited by tropospheric forcing [J] . J. Atmos. Sci. , 1996, 53 (15): 2186-2216.

[122] Nicholls M E, Pielke R A, Cotton W R. Thermally forced gravity waves in an atmosphere at rest [J] . J. Atmos. Sci. , 1991 (48): 1869-1884.

[123] Walterscheid R L, Schubert G. Nonlinear of an upward propagation gravity wave: Overturning, Convection, Transience and Turbulence [J].

J. Atmos. Sci. , 1990 47 (1): 101-125.

[124] Jewett B F, Ramaurthy M K, Rauber R M. Origin evolution and finescale structure of the St. Valentine's day mesoscale gravity wave observed during STORM - FEST. Part 3: Gravity wave genesis and the role of evaporation [J] . Mon. Wea. Rev. , 2003 (131): 617-633.

[125] Yao J Q, Dai J H, Yao Z Q. The cause and maintenance of a strong squall line and strengthen the mechanism analysis [J] . J. Appl. Mete. Sci. , 2005, 16 (6): 746-754.

[126] Lane T P, Zhang F. Coupling between gravity waves and tropical convection at mesoscales [J] . J. Atmos. Sci. , 2011 (68): 2582-2598.

[127] Stephan C, Alexander M J. Summer season squall-Line simulations: sensitivity of gravity waves to physics parameterization andimplications for their parameterization in local climate models [J] . J. Atmos. Sci. , 2014 (71): 3376-3391.

[128] Srinivasan M A, Rao S V B, Suresh R. . Investigation of convectively generated gravity wave characteristics and generation mechanisms during thepassage of thunderstorm and squall line over Gadanki [J] . Ann. Geophys. , 2014 (32): 57-68.

[129] 罗德海．关于大气中的非线性 Benjamin-Ono 方程及其推广 [J]．中国科学（B 辑），1988，18（10）：1111-1122.

[130] 许秦．层结大气中重力惯性波与飑线形成的非线性过 [J]．中国科学（B 辑），1983，13（1）：87-97.

[131] 许习华，丁一汇．中尺度大气中孤立重力波特征的研究 [J]．大气科学，1991，15（4）：58-68.

[132] 赵瑞星．层结大气中重力惯性波的非线性周期解 [J]．气象学报，1990，48（3）：275-283.

[133] 李国平，蒋静．一类奇异孤波解及其在高原低涡结构分析中的应用 [J]．气象学报，2000，58（4）：447-45.

[134] 王兴宝．地形对重力惯性波传播与发展的影响 [J]．气象科学，1996，16（1）：1-11.

［135］Guo M，Chen X，Chen Y D，Yang H W. The Boussinesq–BO equation for algebraic gravity solitary waves in baroclinic atmosphere and the research of squall lines formation mechanism ［J］. Dyna. Atmos. Oceans.，2017（18）：29–46.

［136］Guo M，Zhang Y，Wang M，Chen Y D，Yang H W. A new ZK–ILW equation for algebraic gravity solitary waves in finite depth stratified atmosphere and the research of squall lines formation mechanism ［J］. Comput. Math. App.，2018（75）：3589–3603.

［137］Yang H W，Sun J C，Fu C. Time–fractional Benjamin–Ono equation for algebraic gravity solitary waves in baroclinic atmosphere and exact multi–soliton solution as well as interaction ［J］. Commun. Nonlinear. Sci. Numer. Simul.，2019（71）：187–201.

［138］Yang H W，Guo M，He H L. Conservation Laws of Space–Time Fractional mZK Equation for Rossby Solitary Waves with Complete Coriolis Force ［J］. Int. J. Nonlinear. Sci. Numer. Simul.，2019，20（1）：17–32.

［139］Fu C，Lu C N，Yang H W. Time–space fractional（2+1）–dimensional nonlinear Schrödinger equation for envelope gravity waves in baroclinic atmosphere and conservation laws as well as exact solutions ［J］. Adv. Differ. Equ.，2018，2018：56.

［140］Guo M，Dong H Y，Liu J X，Yang H W. The time–fractional mZK equation for gravity solitary waves and solutions using sech–tanh and radial basic function method ［J］. Nonlinear Analysis：Model. Contr，2019，24（1）：1–19.

［141］Chen L，Yang L G. Fractional theoretical model for gravity waves and squall line in complex atmospheric motion ［J］. Complexity，2020：7609582.

［142］陈利国，高菲菲，李琳琳，刘全生．重力波的广义（2+1）维 Burgers–Benjamin–On 模型［J］．内蒙古大学学报（自然科学版），2022，53（3）：1–7.

［143］郭柏灵，蒲学科，黄凤辉．分数阶偏微分方程及其数值解［M］．北京：科学出版社，2011.

[144] Kilbas A A, Srivastava H M, Trujillo J J. Theory and applications of fractional equations [J]. Fract. Calc. Appl. Anal., 2006 (9): 71-75.

[145] Agrawal O P. Formulation of Euler-Lagrange equation for fractional variational problems [J]. J. Math. Anal. Appl., 2002 (272): 368-379.

[146] Agrawal O P. A general formulation and solution scheme for fractional optimal control problems [J]. Nonlinear Dyn., 2004 (38): 323-337.

[147] Podlubny I. Fractional differential equations [M]. New York: Academic Press, 1999.

[148] Samko S. G., Kilbas A. A., Marichev O. I.. Fractional integrals and derivatives: Theory and applications [M]. New York: Gordon and Breach Science, 1993.

[149] Yang X J. General Fractional Derivatives Theory, Methods and Applications [M]. London: Taylor & Francis Group, 2019.

[150] Agrawal O P. Fractional variational calculus and thetransversality conditions [J]. J. Phys. A Math. Gen., 2006 (39): 10375-10348.

[151] Chen J B. Multisympletic geometry, local conservation laws and Fourier pseudospectral discretization for the "good" Boussinesq equation [J]. Appl. Math. Comput., 2005 (161): 55-67.

[152] Doviak R J, Ge R. An atmospheric solitary gust observed with a Doppler radar, a tall tower and a surface network [J]. J. Atmos. Sci., 1984 (17): 2559-2573.

主要符号

β	Rossby 参数
$\beta(y)$	推广 Rossby 参数
f	Coriolis 参数（地转参数）
f_0	局地 Coriolis 参数
R_0	Rossby 数
a	地球半径
Ω，$\vec{\Omega}$	地球旋转角速度，地球旋转角速度矢量
h	地形
Q	外源
$\bar{u}$，$\bar{u}_n$	基本剪切流
φ	纬度
A	振幅
ψ	总流函数
ψ'	扰动流函数
λ	耗散强度系数
ρ	流体密度
p	气压
F_n	Froude 数
g	重力加速度
J	Jacobi 算子
∇^2	Laplace 算子